U0395004

工业固体废物资源化利用研究

姚 婷／著

上海社会科学院出版社
SHANGHAI ACADEMY OF SOCIAL SCIENCES PRESS

图书在版编目(CIP)数据

工业固体废物资源化利用研究 / 姚婷著 .— 上海 ：
上海社会科学院出版社，2022
ISBN 978 - 7 - 5520 - 3912 - 2

Ⅰ．①工… Ⅱ．①姚… Ⅲ．①工业固体废物—固体废
物利用—研究 Ⅳ．①X705

中国版本图书馆 CIP 数据核字(2022)第 130716 号

工业固体废物资源化利用研究

著　　者：姚　婷
出 品 人：佘　凌
责任编辑：陈如江
封面设计：黄婧昉
出版发行：上海社会科学院出版社
　　　　　上海顺昌路 622 号　邮编 200025
　　　　　电话总机 021－63315947　销售热线 021－53063735
　　　　　http：//www.sassp.cn　E-mail：sassp@sassp.cn
照　　排：南京理工出版信息技术有限公司
印　　刷：上海新文印刷厂有限公司
开　　本：890 毫米×1240 毫米　1/32
印　　张：7.625
字　　数：189 千
版　　次：2022 年 8 月第 1 版　2022 年 8 月第 1 次印刷

ISBN 978 - 7 - 5520 - 3912 - 2/X · 025　　　　　　　定价：48.00 元

序 一

山西省社会科学院（山西省人民政府发展研究中心）
党组书记、院长 杨茂林

　　党的十八大之后，我国全面推进生态文明建设，习近平总书记站在实现中华民族永续发展的战略高度提出，"绿水青山就是金山银山"，"保护生态环境就是保护生产力，改善生态环境就是发展生产力"，"良好生态环境是最公平的公共产品，是最普惠的民生福祉"。改革开放以来，快速工业化和城市化进程中，工业固体废物压覆大量土地资源，导致生态环境污染破坏问题日益严重，削弱了人民群众对良好生态环境的获得感，也成为制约我国经济社会高质量发展的瓶颈。"节约资源是保护生态环境的根本之策"，工业固体废物归根结底是粗放的工业生产方式问题，是我们如何看待和利用废弃物的问题。

　　我国工业固体废物既有历史遗留的存量问题，又有每年新的增量问题，新老问题叠加，发展不平衡、不充分问题非常突出。据统计，我国工业固体废物累计堆存超 600 亿吨，占地超 200 万公顷，年新增量超 30 亿吨，已经成为阻碍高质量发展的桎梏。从节约资源角度看，固体废物是放错位置的资源。工业固体废物治理一头连着资源节约利用，一头连着减污降碳，亟待打通治理的难点、堵点。"十四五"开局之年，国务院印发的《2030 年前碳达峰行动方案》提出，2025 年我国大宗固体废物年利用量要达到 40 亿吨左右,2030 年要达到 45 亿吨左右。《"十四五"工业绿色发展规划》提出,"十四五"末大宗工业固体废物综合利用率要达到 57%。新发展阶段、新目标要求对如何更好地开展工业固体废物资源化利用工作提出了更新更高的要求。如何能通过制度安排,搭建起一座"废物"变"资源"的"桥梁",有效缓解我国资源短缺和环境污染的瓶颈问题,对保障国家资源安全,推动构建低碳绿色循环发展经济体系,协同实现"双碳"目标,促进生态文明建设具有重大意义,需进一步立足客观实际,加强对策研究。

姚婷博士有很强的问题意识,敏锐捕捉到了国家尤其是资源型地区在工业固体废物治理方面的紧迫形势和现实需要,并围绕这一治理难题进行了深入研究和探索,《工业固体废物资源化利用研究》一书正是该项研究的丰硕成果。本书坚持问题导向,立足我国工业固体废物治理现状,洞悉治理重心变迁趋势,深入研究分析了资源化利用工业固体废物过程中各方主体博弈后的制度安排、政策工具使用情况,以及规制效率等问题,在借鉴国外经验启示基础上,从政策工具运用与制度构建视角为解决这一外部性问题提出了对策建议,为解决资源紧缺和环境污染问题提供了制度层面的有益探索。作者在以下方面的研究成果对当下和未来解决工业固体废物问题有重要且积极的指导作用。

一是厘清了工业固体废物属性问题是开展治理的根本出发点。对工业固体废物属性溯源、分析定位是决定治理路径和治理成效的关键所在。从时间空间维度来看,两种属性之间存在转换机制,但成本、责任、利益、信息不对称等问题阻隔了转化的路径和效率。这与相关政策法律制度有效供给不足、政策工具运用不适宜有关。本书深入挖掘了双重属性及其外部性问题,并以此为基础厘清了两种属性之间的转化机制,为政策和法律的完善、指导治理实践明晰了方向。

二是从制度供给层面,以政策工具为切入点,考察了现有制度框架下政策工具的分布情况,并进行了精准量化。针对当前我国工业固体废物治理存在的难点、堵点,以政策工具精准供给为目的,提出具有可操作性的对策建议,在指导实践方面具有重要意义和切实可操作性。

三是抓住规制效率这一核心问题,以系统论为指导,通过实证方法研究了规制效率现状,并在分析影响因素的基础上,探究了提升规制效率的路径,提出了相应对策建议。在此过程中,作者以法律经济学视角,运用经济学方法,将法学中的政策法律作为变量引入效率测度,在研究方法上有一定的创新。

工业固体废物资源化利用是坚持节约资源和保护环境基本国策的必然要求。在生态文明理念引领下,在迈向第二个一百年奋斗目标的新征程上,在通往高质量发展的道路上,在协同实现"双碳"目标过程中,我国工业固体废物治理任重道远!也希望作者针对这一问题能持续深入研究下去,一方面继续深化理论研究,另一方面持续关注新形势、新动态,为决策提供更为有益的参考和建议。

姚婷副研究员长期研究能源环境政策领域,有着较为深厚的知识积累。在做好本职工作的基础上,她考取博士研究生继续深造,并顺利完成博士论文,取得经济学博士学位,期待她更上一层楼取得更大的成绩!

是为序。

序　二

山西省财经大学教授、博士生导师　曹　霞

　　工业固废问题并非与生俱来，是伴随着传统工业化和城市化的快速推进而产生的。工业固废问题在资源型地区是一个普遍存在且亟待解决的难题。以山西为例，长期依赖煤炭资源赋存形成的产业结构，导致省内工业固废排放强度高、资源综合利用水平低，严重制约了经济社会健康持续发展。

　　国家长期关注固废问题。从1973年出台首个环保文件《关于保护和改善环境的若干规定》，到1979年出台第一部环境污染防治基本法《环保法（试行）》，到1984年原国家环境保护局开始酝酿起草《固体废物污染防治法》并经十年磨砺于1995年正式出台，我国固废领域建章立制工作循序渐进，逐步形成了固废治理基本法律制度体系。但我国的固废问题并没有因政策法律制度的出台和实施得到有效治理，固废尤其是工业固废的高强度排放，导致资源浪费和环境污染问题愈加突出，成为我国全面推进生态文明建设、推动高质量发过程中的瓶颈。

　　为了遏制工业固废污染环境状况的持续恶化，我国在"十三五"时期大幅修订《固废法》（2020），密集出台政策措施，相继开展了长江流域"清废行动"和黄河流域"清废行动"等专项治理行动，取得了较为显著的治理成效。全面推进生态文明建设过程中，我国固废治理在"十三五"时期开始加码提速，着力从"打地基"向

"补短板""精细化"管理转变。"十四五"时期是我国固废治理的关键期,从制度质量到治理能力的全面提升将会为"十四五"及未来一段时间内工业固废以用为主的转型打下坚实基础。正因如此,作者以《工业固体废物资源化利用研究》为题展开研究,体现了较强的前瞻性和时代责任感,具有重要理论意义和实践价值。

诚如本书作者所言,工业固废问题是一个阶段性的问题,在发展中产生,也会在发展中得以解决。我们所要做的是及时调整治理目标,完善制度设计与安排,选择合宜的治理路径,最大限度地降低治理成本,最高效地达成治理目标。本书从理论和制度层面对工业固废问题进行了深入分析和剖析,并在实证研究基础上为"十四五"时期开展工业固废治理提供了具有参考意义的对策建议。本书以政策法律等正式制度为核心关切,以制度的有效性和规制效率为切入点,通过博弈分析、规制工具量化分析、规制效率和影响因素分析,以制度旨在降低交易成本、成本收益影响主体决策为方向和指引,在完善博弈主体责权利配置、调整制度供给、推进多元共治和提高治理能力方面提出了意见和建议,在研究视角、研究方法和研究成果方面都取得了一定的创新。建议作者持续关注工业固废资源化利用领域,在 5G 技术、物联网、大数据以及区块链技术发展日渐成熟的基础上,就绿色生态设计、工业固废减量化和跨行业、跨部门、跨区域协同利用等问题,开展更进一步的研究。

姚婷自 2017 年 9 月至 2021 年 12 月在山西财经大学在职攻读博士学位。实际上,我与她的师生情谊缘起于她 2004 年至 2007 年读硕士研究生之时。硕士毕业后,她入职山西省社会科学院(山西省人民政府发展研究中心)能源经济研究所,从事能源环境经济与政策领域的科研工作。其间,她不甘落后,努力拼搏,十年之后于 2017 年以综合排名第一的成绩考入山西财经大学法律经济学专业,成为博士研究生。

　　攻读博士期间，她身兼学生、科研和母亲三职，辛苦劳作，无怨无悔，以超人的毅力应对各种困难和挑战，用四年半的时间挑战自我，以优异的成绩完成了学业，实现了华丽变身，为同学、同事和两个女儿树立了榜样。在学习和科研上，她勤奋好学，问题意识强，基础扎实，治学严谨，科研能力突出，科研经验丰富，在参与我主持的国家级、省级课题研究过程中，主动担责，认真负责，积极统筹协调，高质量地完成了各项课题的研究。在为人处世上，她蕙质兰心、诚恳热情，对师长尊敬有礼，关怀备至；对同学热情友爱，乐善好施；对师兄弟姐妹关心照拂，有求必应，处处体现出"大师姐"风范。在生活方面，她乐观豁达、积极向上，能巧妙排遣和化解生活中的不快，适时捕捉和享受生活中的美好。

　　工作上也可圈可点，2019年，她顺利评上了副研究员，并于2021年毕业前夕担任了山西省社会科学院（山西省人民政府发展研究中心）能源经济研究所副所长。作为导师，深为她在各方面取得的进步而感到欣慰和骄傲，也倍加珍惜我们近20年的师生情谊！时光不负有心人，希望未来她的路越走越好，事业再创佳绩，生活更加丰富多彩。

目　　录

前　　言

　　百年未有之大变局下的后疫情时代,工业化、城市化持续推进,立足新发展格局,我国工业固体废物(以下简称"工业固废")的治理形势不容乐观,仅靠污染防治已无法满足生态文明建设的需要,亦无法满足高质量发展的要求,成为亟待破解的难题。在生态文明理念指引下,在建立健全绿色低碳循环发展经济体系和协同实现"双碳"目标过程中,党的十九届五中全会进一步提出了要"全面提高资源利用效率"。"十三五"时期我国固废治理持续发力并走上了快车道,"十四五"时期将会成为我国固废治理转型的关键期。我国工业固废资源化利用早在 20 世纪 50 年代就已开始了相关探索,但由于对工业固废"资源"属性的认识和界定不明晰,致使工业固废治理重心偏颇、责权利配置失当,制度供给失衡、治理效率低下,治理能力不足、监管不力等问题长期存在。上述问题的出现,一方面是政策法律制度有效性不足,也即作为博弈规则的制度并没有发挥出有效影响和引导博弈主体行为决策的作用;另一方面是工业固废资源化利用规制效率不高,未能有效缩短治理时间、降低治理成本。

　　基于对现实和未来治理形势,以及工业固废产量趋势的判断,"十四五"时期,我国工业固废的资源化利用工作目标和任务的完成将面临较大压力。在新时期目标任务指引下,未来我国工业固废治理需构建有效且高效的制度体系,进一步完善各类主体的责权利安排,合理运用规制工具,提高规制效率,推动治理取得实效。具体而言,工业固废治理实际上是解决外部性问题的过程。负外部性问题需要通过构建相应的制度机制,使产生负外部性影响的主体承担相应的负外部性成本,推动实现外部成本内部化;正外部性问题也即公共物品问题,要对提供公共物品、产生正外部性影响的主体行为予以补偿。这两个视角分别表征不同的治理目标,并与工业固废的"污染物"属性和"资源"属性相契合,由此也将引致不同的治理路径。从负外部性视角开展的治理,对应的是工业固废的污染防治;从正外部性视角开展的治理,对应的是工业固废的资源化利用。但工业固废的污染防治只是手段,工业固废的资源化利用才是目的。以"资源"属性展开资源化利用工业固废的治理正是本书关注的核心问题和研究的切入点。现有研究一是侧重于从"污染物"视角进行的污染管控研究,二是侧重于以资源化利用工业固废技术及实现路径为重点开展的实践及技术层面的研究。总体来看,以"资源利用"为视角的研究并非主流,以制度为核心开展的工业固废资源化利用研究更少。

本书以工业固废属性为出发点,以工业固废资源化利用为核心关注,聚焦作为规制规则的制度的有效性和规制效率两大问题,以循环经济、公共物品、外部性和交易成本等理论为支撑,综合运用文献研究法、博弈分析法、文本量化分析法、数据包络分析法等方法,通过梳理我国工业固废资源化利用发展历程,总结归纳制度变迁特点及当下的规制困境,以博弈主体责权利安排分析、政策法律文本量化分析、规制效率及影响因素分析为切入点展开定性和定量研究,为后续提出破解规制困境的意见建议提供结论支撑。

发展中产生的问题也必然会在发展中解决。2021年初,国务院出台《关于加快建立健全绿色低碳循环发展经济体系的指导意见》,发力绿色低碳循环发展经济体系建设,力求破除市场主体

"趋利"性导致的外部性阻碍。推进生态文明治理体系和治理能力现代化要求治理有效和规制高效,未来对工业固废进行有效规制、提升资源化利用水平也将会成为我国绿色低碳循环发展的重要内容。工业固废治理的制度创新应该从调整工业固废资源化利用的成本与收益角度入手,从市场化达成治理目标入手,针对提高制度有效性和规制效率,从"完善责权利配置,推动转变治理重心;聚焦调整成本收益,优化规制工具使用;强化制度供给,降低治理成本"这三个维度提出对策建议。工业固废治理研究涉及专业技术领域诸多问题,受专业及文字功底所限,文中难免有不足不妥之处,恳请广大读者予以批评指正。

第一章

绪　　论

　　自然资源是人类社会发展的物质基础。根据 *Nature* 杂志发表的论文,2020 年人类历史上第一次人造物质总量超过了地球上所有生物的总量(Elhacham 等,2020),这意味着人类的发展已经不应该且不能够再肆无忌惮地对大自然予取予求了。正如现代生态经济学核心代表人物赫尔曼·戴利认为的那样,"资源开采以及废弃物排放极大地改变了这些配置结构,危及他们(生态环境系统)所创造出的不可替代的基本服务,包括可再生资源的再生产"(Daly,1973、1991)。其中工业固体废物(以下简称"工业固废")成为废弃物中规模庞大、无法忽视的部分,极大影响和削弱着"不可替代的基本服务",成为亟待解决的难题。工业固废问题并不是人类社会有史以来就有的,是伴随工业生产过程而产生的,没有工业、没有工业化也就没有工业固废问题。资本主义传统工业化进程使得代表人类社会的少数发达国家在很短的时间内取得了物质生活的极大富足,但对自然资源规模开发和低效利用造成了工业固废大量排放,造成资源瓶颈愈加突出,生态环境愈加恶化。排放速度及规模叠加导致工业化国家在发展进程中的工业固废问题尤为突出。人类文明自工业文明迈向生态文明新阶段后,要实现可持续发展和高质量发展,工业固废已成为无法回避和亟待正视的问题。

第一节　选题背景及研究意义

一、选题背景

"工业"一词在《辞源》中的释义为:"工业是用自然物质资源制造物品的各项事业。"当工业化发展到"机器大工业时代"后,人类社会取得了长足发展,物质生活得到极大丰富,与之相伴的硬币的另一面是工业生产在规模低效消耗自然资源的同时,还产生大量工业固废,带来土地、生态环境、安全等一系列问题(胡学敏,2020)。我国在极速推进工业化的进程中形成了巨量工业固废历史堆存,并在未来依旧会产生不容忽视的新增量。与其他固废相比,我国固废问题尤以工业固废问题突出(见图1-1)。与此同时,我国还是一个自然资源人均占有量较为匮乏的国家,"我国人均矿产资源占有量仅为世界人均占有量的58%"(武秋杰等,2011),人矿矛盾突出,在通往可持续和高质量发展的道路上存在显著的资源瓶颈。

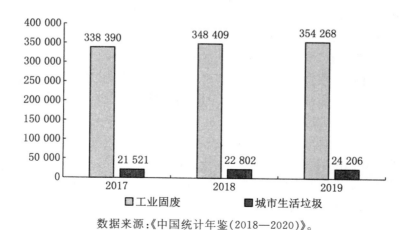

数据来源:《中国统计年鉴(2018—2020)》。

图1-1　2017—2019年工业固废与城市生活垃圾产生量对比图(单位:万吨)

全国人大常委会分别于 2006 年、2017 年和 2021 年对固废问题展开执法检查。根据 2017 年的执法检查报告,"我国固废污染防治在污染者法律责任落实、危险废物全过程管理、城乡环境综合整治、工业固废治理、监管工作机制和执法能力、科技支撑、法规制度体系等诸多方面存在突出问题"(张德江,2017)。根据 2021 年的执法检查报告,我国固废治理在推动高质量发展过程中,依然存在着许多深层次的问题和挑战,如企业从源头减少固体废物产生量的责任落实不到位,配套法规标准名录覆盖领域存在空白,固体废物综合利用标准体系缺失,全过程监控信息化追溯制度有待落实,执法和司法威慑力不强等。工业固废领域规模化高质化利用水平低(见图 1-2)、产业间协同利用不足、资源浪费严重等问题突出,与坚持节约资源的基本国策倡导相悖,政策法律及制度未发挥出治理实效,影响着生态文明建设的全面推进和第二个一百年奋斗目标的实现。

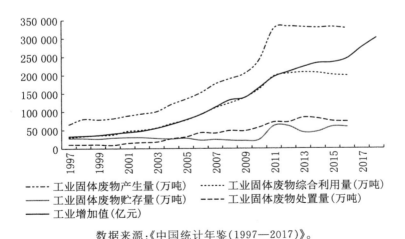

数据来源:《中国统计年鉴(1997—2017)》。

图 1-2　1997—2017 年工业固废产生和利用情况图

工业固废在过去相当一段时期都被认为是"污染物",作为特定发展阶段和制度安排中治理成本相对较低的路径选择,以倾倒、堆存、填埋为主的处置方式成为产废主体的主要选择。在以经济发展为第一要务的历史阶段,对企业和地方政府来说,工业固废资源化利用仅仅是"可选项",而非"必选项"。虽然在转向高质量发展过程中,我国工业固废资源化利用[①]已取得了一定成效,但由于长期新增量多、历史堆存量大、分布不平衡等原因,现阶段依然存在资源化利用规模不大、产品附加值不高、市场竞争力不强、科技研发投入不足、支持政策和相关法律法规体系不完备等桎梏(徐扬,2019),阻碍着产业的市场化发展。"资源"流动的同时应当伴随价值的实现,需要设计相应的经济制度,对能够维持和提升生态阈值的、具有生态环境正外部性的经济活动和产品予以补偿和激励,同时加大对减损生态阈值的生态环境负外部性经济活动和产品造成的负外部成本的内部化。目前,我国工业固废

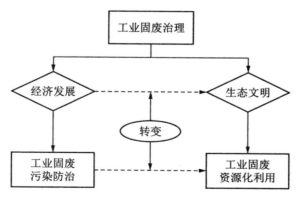

资料来源:根据资料自行绘制。

图 1-3　工业固废治理变迁路径框架图

---

①　本文涉及"工业固废资源化利用""工业固废综合利用"意思相同。我国政策法律文件中多使用"工业固废综合利用"的表述,本研究则关注工业固废的资源化利用,因而在部分语境中使用"工业固废资源化利用"以突出研究重点。

治理正在经历由污染防治的末端治理到资源化利用的路径转变,治理重心也经历着从污染防治到资源化利用的转移(见图 1-3)。在此背景和现实需求下,推动资源化利用工业固废,一方面可以缓解资源供给趋紧压力,实现对天然资源的深度替代;另一方面可以减少固废排放,实现对青山绿水的保护,实现对生态环境服务功能的保护。针对工业固废资源化利用规制问题开展研究,对化解资源瓶颈、减少环境污染、提高经济效益和生态效益、实现资源优化配置和可持续发展,以及协同实现"双碳"目标等方面,都具有重要意义。

二、研究意义

绿色低碳循环发展将是我国长期发展的主旋律,工业固废资源化利用也将成为生态文明建设的重要内容和抓手。在"十三五"污染治理攻坚战取得显著成果的基础上,"十四五"时期开展工业固废资源化利用则是从源头助力生态环境质量改善的治本之举。站在第二个一百年奋斗目标的起点上,本书选取工业固废资源化利用规制有效性及效率问题进行研究,面向"十四五"和2035 年远景目标提出治理意见和建议,具有重要的理论价值和现实意义。

1. 理论价值

工业固废的资源化利用是解决高效利用资源和防治生态环境污染破坏这两个核心问题的根本途径之一,在推动我国经济社会可持续发展中具有重要意义。正如赫尔曼·戴利围绕"改变范式、改变目标、改变规则"开展生态经济领域研究并取得广泛影响,工业固废治理亦可从这三个维度展开相应研究,从理论层面拓展研究范式、目标和规则。以问题为导向开展该项研究的理论价值和意义在于:

一是改变范式。"范式是一种世界观,可以支撑一个领域或者一个学科的理论和方法。"(乔舒亚和迪帕克,2018)当认识和研究问题的范式发生改变后,治理的顶层设计亦会因此发生扭转。工业固废治理过程中污染防治和资源化利用的关系问题亟待厘清和回归本源。工业固废污染防治是末端治理的手段,而不是目的;工业固废资源化利用才是目的,需要在全生命周期予以重视和贯彻。这就需要转变业已形成的对工业固废的认识,要实现工业固废属性从"污染物"到"资源"的转变。从工业固废属性入手,工业固废治理有两方面含义:一是资源化利用,二是无害化处置。与之相对应的路径也有两条:一是提高资源化利用率,二是减少环境污染。这两条路径所指向的共同目标则是减少对生态环境的影响,与我国全面推进生态文明建设、建设美丽中国、追求高质量发展的目标相一致。

二是改变目标。当人类文明从工业文明迈入生态文明后,单一经济增长目标无法表征发展的全部内涵。从已被广泛接受的生态可持续性目标要求出发,工业固废治理应当向着"资源"化利用方向前行,也即工业固废治理目标应当设定为"资源利用",而不应当是作为末端底线的"污染防治"。这需要运用外部性理论,研究工业固废污染治理的负外部成本问题及资源化利用工业固废的正外部性补偿问题。对于生态环境,政府要实施保护和防治污染的干预;对于资源,政府应当提高资源利用效率。是导向污染治理为目标、开展无害化处置,还是导向综合利用为目标、开展资源化利用,需要通过立法、政策和制度设计予以明确引导。

三是改变规则。我国工业固废资源化利用问题长期未能有效解决,意味着参与治理的各方主体在博弈中所依据的博弈规则没能有效推动治理向着既定目标前行,相关政策法律制度供给的有效性不足。主体的理性选择并不一定能够在亚当·斯密"看不见的手"的指引下产生最优的社会共同结果。因而,工业固废资源化利用需要政府通过"看得见的手"予以规制。以作为治理工具的政策法律及其构筑的制度有效性视角为切入点,研究工业固废资源化利用制度现状,引导多元主体参与共同治理,提出提升规制效率和完善制度的意见建议,可以降低规制成本,提升治理效率。

2. 现实意义

中国特色社会主义现代化建设步入新时期,社会主要矛盾发生了变化,开展和切实推动工业固废资源化利用也有了迫切的现实需要。

一是新时代生态文明建设的内在要求。习近平总书记强调,保护生态环境就是保护生产力,改善生态环境就是发展生产力。资源化利用工业固废实现的是对青山绿水的保护,利用的、替代的多一些,开发破坏就少一些。作为可以从根本上提高资源利用效率、缓解资源瓶颈、减轻环境污染和生态破坏的有效抓手,早在"十五"时期,国家就将资源综合利用列入战略性新兴产业范围内予以政策支持。党的十八大之后,尤其是四中全会强调依法治国和依法行政,这就对用严格的法律制度保护生态环境提出了更高的要求,也对资源化利用政策的进一步完善提出了新的要求,围绕工业固废资源化利用开展治理层面的研究具有了现实需要和必要性。

二是新格局下支撑高质量发展的必然选择。砂石资源已在全球范围成为战略矿产资源。随着我国工业化、城市化进一步推进,天然砂石骨料在供给保障能力上存在不足。2020 年中央预算内投资,集中力量加大对重大战略和重大工程的投入力度,重点城市群、都市圈城际铁路、市域(郊)铁路和高等级公路规划建设,重大水利工程以及城镇老旧小区和配套基础设施改造等项目对基础建材资源产生巨量需求。与此同时,对青山绿水和自然资源的保护导致天然砂石骨料开发利用成本高企,供给能力也出现了较大缺口。立足国内大循环,在保障供给方面,开展工业固废资源化利用已成为支持高质量发展的必然要求。

三是适逢历史消纳机遇,是保护青山绿水的必由之路。"我国城市化建设每年需消耗 160 亿吨以上的非金属矿物资源,充分利用大宗工业固废代替天然矿物资源可以大幅减少天然非金属矿物资源的开发"(刘鑫焱,2013),同时可以减少工业固废排入环境中引发的污染问题。因此,需在之后的城市化进程中将工业固废资源化利用统筹到城市建设发展中予以考量,在减少固废对生态环境影响和污染的同时,充分发挥其资源属性,最大化地应用于经济社会再循环中,节约土地和自然资源。

四是应对气候变化、协同实现"双碳"目标的重要领域。工业固废资源化利用具有显著的减碳作用。以水泥混凝土行业资源综合利用工业固废为例,"2019 年我国水泥熟料产量达 15.2 亿吨,每年碳排放量将达到 8 亿吨"[①]。如采用工业固废替代部分原料,将有助于实现 30% 左右的碳减排目标,可减少 2.5 亿吨左右的碳排放。因而,从构建类人类命运共同体视角看,工业固废资源化利用亦具有重要价值和意义。

第二节　研究综述

一、工业固废概念及分类研究

《巴塞尔公约》(Basel Convention)中给出的"废物"(Waste)定义是"处置的或打算予以处置的或按照国家法律规定必须加以处置的物质或物品"(高彩玲等,2006)。我国"固体废物"概念有法定

---

① 中国建材报网.王肇嘉:工业固废替代原料与水泥行业可持续发展[EB/OL].(2020-08-27)[2021-09-16]. http://www.cbmd.cn/actrice/8479.html.

和学术之分。我国第一部《固废法》(1995)明确了"固体废物"及"工业固废"定义,并随着历次修法得到不断的完善(详见附表3)。2020年新修订的《固废法》对概念再次进行修改,将"固体废物"定义为"在生产、生活和其他活动中产生的丧失原有利用价值或者虽未丧失利用价值但被抛弃或者放弃的固态、半固态和置于容器中的气态的物品、物质以及法律、行政法规规定纳入固体废物管理的物品、物质。经无害化加工处理,并且符合强制性国家产品质量标准,不会危害公众健康和生态安全,或者根据固体废物鉴别标准和鉴别程序认定为不属于固体废物的除外"。新概念更为细致和全面,并对开展固废资源综合利用预留了空间,尤其是将资源综合利用后符合相关规定的固废从宽泛的固废中排除,为资源化利用固废提供了法律依据,同时对固废的资源属性予以明确。这也是我国首次将固废资源综合利用法治化提到前所未有的高度。"工业固体废物"概念则自2004年后一直未做修改,"是指在工业生产活动中产生的固体废物"[1]。与工业固废相近和有关的概念还有"大宗工业固废"。大宗工业固废因产生量大,且具有显著的地域性,是我国工业固废治理的重点和突破口。我国《大宗工业固体废物综合利用"十二五"规划》明确"大宗工业固体废物"是指"我国各工业领域在生产活动中年产生量在1 000万吨以上、对环境和安全影响较大的固体废物,主要包括:尾矿、煤矸石、粉煤灰、冶炼渣、工业副产石膏、赤泥和电石渣"。

固废分类是开展规制的前提,可明晰研究边界。固废分类有法定分类、国际通行分类和学术研究分类等。法定分类中,工业固废、危险废物是固体废物的下位概念,两者之间也存在着交叉关系。工业固废按照对环境和人体有无污染和危险性又分为一

---

① 中国人大网.中华人民共和国固体废物污染环境防治法(2016年修正)[EB/OL].(2017-02-21)[2021-03-29].http://www.npc.gov.cn/wxzl/gongbao/2017-02/21/content_2007624.htm.

般工业固废和工业危险废物(见图1-4)。根据《一般工业固体废物贮存、处置场污染控制标准:GB18599-2001》,"一般工业固体废物"是指"未被列入《国家危险废物名录》或者根据国家规定的GB5085鉴别标准和GB5086及GB/T15555鉴别方法判定不具有危险特性的工业固体废物"(陈海燕和斯玛伊力·克热木,2020)。学术研究中对工业固废的分类则更加多元,但基本共识是分为一般工业固废和危险性工业固废两大类(石玲丽,2019;陈小亮,2019;袁红姝,2017;曾小庆,2017;高彩玲等,2006)。另有项娟等(2018)认为,将"城市建设中的建筑废物"归入工业固废范畴的观点值得商榷。根据2021年5月1日起实施的《一般固体废物分类与代码》(GB/T39198-2020)中规定,"一般固废的收集、贮存、包装、运输、处理、利用、处置及相关管理过程,并不适用于一般固体废物中未分类的生活垃圾、建筑固废的相关管理过程"。由此,城市建设中的建筑废物无论是从产生源,还是循环再利用,都具有典型的行业特征,更多的是需要在城市区域范围内开展资源化的协同利用。

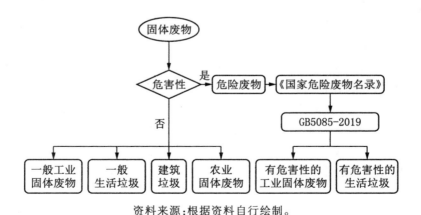

资料来源:根据资料自行绘制。

图1-4　固废相关概念关系示意图

实践中,各国形成了契合本国国情的固废分类体系。日本将废物分为一般废弃物和产业废弃物两类。美国将固废分为危险固废和非危险固废两类,并分别由联邦和州政府进行分级管理。新加坡将固废分为生活垃圾、工业废弃物和事业机构废弃物,其中工业废弃物不包括需要特殊处理处置的有毒有害废弃物。而国际上,依据全球回收标准(Global Recycled Standard, GRS)①,再生材料按照是否进入消费流通领域的界限分为消费后再生材料和消费前再生材料。本书将一般工业固废限定在工业生产过程中,也即消费前再生材料范畴内予以考察。进入消费端之后的再生材料,由于已经进入城市固废系统中,在回收利用等方面具有更多更复杂的特征,需要耦合城市管理的更多内容予以考察,因而不在本书研究范围之内。

在对相关概念及分类辨析后,本书将研究对象确定为排除工业危险废物和建筑垃圾、在消费前和制造过程中从废物流中转移出的一般工业固废。

二、工业固废价值与外部性研究

工业固废资源价值的实现和工业固废的负外部性问题的解决将直接影响治理能否顺利向着资源化利用路径转变。

就工业固废属性而言,目前学界已达基本达成共识,即固废具有双重属性:一是"污染物"属性,二是"资源"属性,且两种属性在时空维度上存在转换机制。越来越多的学者认同其为"资源",应当加以利用(张鸿斌,2019;李金惠,2019;薛亚洲等,2018;王青海,2018;李鹏梅,2016;孙汉文等,2006;王伟和袁光钰,1997;董发勤等,2014),而工业固废的属性则是由技术水平决定的(金碚,

---

① 全球回收标准(GRS)是一项国际、自愿和全面的产品标准,规定了回收内容、产销监管链、社会和环境实践以及化学品限制的第三方认证要求。该全球标准施行的目标是增加产品中回收材料的使用,消除其生产所造成的危害。

2011;徐永模,2018)。周炳炎等(2005)研究认为,固废具有复杂性、错位性、经济性、危害性等特点,其中"经济性"是推动工业固废资源化利用的内驱力。"经济性"一方面是指资源化利用工业固废的企业产生的正外部正效应及其应得到的补偿,另一方面是指资源化利用工业固废再生产的原料及产品的使用价值变现后获得收益。而"经济性"不足导致利废企业长期处于微利和亏损边缘,积极利用工业固废的主动性和能动性没有被激发出来,相应的市场也一直没能发展和建立起来。

就工业固废的外部性问题,工业固废作为污染物排放和处置,具有环境负外部性。外部成本没有纳入成本,使得价格机制难以发挥有效调节作用,需要政府予以治理,运用政策工具,"制造"出市场经济可以有效发挥作用的条件,产生治理的内生动力,推动市场化机制解决问题,以达成治理目标。资源综合利用可以减少污染物排放,保护生态环境,具有正外部性。对于工业固废的资源化利用,利用主体发掘和利用了具有负外部性的工业固废,使之成为再生产品或原料,产生再生使用价值。在此过程中,不仅可消除负外部性,还可因制造再生产品或原料获取相应的经济价值,同时实现对生态环境的保护,获取环境价值和效益。梁智腾(2016)和张百灵(2011)认为市场机制在推动资源综合利用过程中难以发挥有效调节作用,在推动具有正外部性的资源综合利用过程中存在"市场失灵";而生产企业产生固废具有负外部性,但却没有承担固废治理的完全成本。因此,需要通过治理,"帮助"市场机制发挥作用,将产废行为的外部成本内部化,让行为人为其造成的外部不经济影响充分付费。从资源的跨维度视角,顾一帆等(2018)认为"原生原料开发是逐渐消耗矿产资源的过程,具有代际资源负外部性效果","利用固废则是利用废弃产品逐渐填补资源稀缺的过程",其综合利用的过程缓解了资源瓶颈,具有正外部性。

在运用政策工具撬动资源化利用工业固废方面,主要采用的激励工具包括税收优惠、财政补贴、绿色金融、奖励等。在对资源综合利用税收优惠政策效果的评估研究中,解洪涛和张建顺(2020)发现"政策对制造业企业充分利用中间产品和废弃物具有明显的减排效果","政策促进了废弃物专业处置市场的形成,但资源综合利用税收政策并没有激发绿色技术创新,更多的企业为享受优惠政策,倾向于采用低端物理方法处理技术",有待下一步有针对性地对政策进行调整和引导。薛建兰和王娟(2020)研究了民营资源综合利用企业在所得税方面的优惠政策及存在的问题与不足。徐顺青等(2020)研究了我国生态环境财税政策变迁的历史过程,提出了优化财税政策的建议。王雪(2021)研究了资源综合利用企业增值税即征即退问题。郭新蕾(2020)从微观企业入手,认为高污染企业可以通过增加环保投入和合理的纳税筹划,系统筹划增值税、企业所得税、资源税和环境保护税,降低企业负担,并可以带来间接的经济利益。丁宁等(2020)则对绿色信贷政策的成本效率进行分析,认为绿色信贷政策会在越过2014年的边际效应U形拐点之后产生正向影响银行成本效率的效果,长期看已经处于正向影响趋势,有益于银行成本效率的提升。

三、工业固废治理相关研究

1. 工业固废资源化利用管理研究

工业固废资源化利用需要建立管理体系。所谓治理"是指运用一定的手段和方式,对特定的事物加以管理、调整、改造,使其达到有序状态、符合一定要求的活动和过程"(李忠杰,2019)。本书聚焦"规制",意指狭义上的"治理",强调以政策、法律工具对治理工业固废行为进行的规范与引导,从而配合技术等其他手段的治理,达到工业固废资源化利用的终极目的。治理过程中,对工业固废资源化利用进行管理是非常重要的一项内容,需要建立相应的管理体系,包括基于工业固废的复杂性建立固体废物处理的综合系统(于海霞和李少寅,2015;张静波,2007),积极开展工业固废资源综合利用评价(李金惠,2018),并以固废鉴别为基础,开展固废全过程管理(郝雅琼,2016;蔡士悦,1996)等。工业固废的产生与分布具有显著地域性,行政分割导致各地废弃物管理无效率,行政壁垒导致产业空间分布劣化,影响了资源综合利用产业发展,因而在京津冀协同发展战略背景下,有必要建立工业固废区域协同管理模式,推动区域协同治理(马晓琴和赵雪凡,2019)。工业固废综合利用依托基地、园区、试点项目等开展,具有一定的引导示范作用(汪浩,2019),但同时存在园区规划不足、技术路线不清、建设标准偏低、管理不透明、信息不对称等问题(赵曦,2020)。范厚明等(2014)使用系统动力学对工业固废管理政策进行了系统动力学研究,并基于模型提出了调整政策建议。有关我国固废管理政策的变迁研究认为:管理政策变迁具有显著的时代特点,绿色发展理念在推进工业固体废物管理与利用处置方面具有积极作用,提高工业固体废物管理和利用水平也会对绿色发展产生积极影响(臧文超等,2018;万俊和陈丽娟,2019;程娟和常艳军,2019)。

工业固废与经济发展有着紧密的相关性。根据 Grossman 和 Krueger(1991)提出的"环境库兹涅茨曲线"(EKC)预测,当经济发展越过倒 U 形拐点,经济持续发展不会再导致生态环境状况的恶化,生态环境状况将会好转。运用不同方法对工业固废产生情况建模预测工业固废产生情况(李金惠等,2021;刘炳春,2020;项娟等,2018;赵婉君,2015;邓琪,2012),并通过数据分析发现,我国工业固废的产量与经济发展状况联系紧密,但工业固废在2013 年已达峰。同时,基于联合国环境规划署 2011 年提出的经济增长率与自然资源消费率脱钩倡议,我国工业固废在 2013 年也实现了绝对"去耦"(伊凤娜,2017;夏勇和钟茂初,2016)。工业固废产生量和资源化利用水平存在显著的区域差异,经济欠发达地区及传统资源型地区的工业固废问题突出,工业固废产生量大、资源综合利用水平低;沿海经济技术水平高的地区,以粉煤灰为代表的工业固废的资源属性更为显著,资源综合利用水平较高(李春林和张华,2018;吴滨和杨敏英,2012)。

国外工业固废管理相关的研究比较分散。20 世纪 50 年代到 70 年代,伴随着早期发达国家经济的快速发展,大量工业废弃物和城市垃圾随之产生,造成了严重的生态环境污染问题,并伴随产生了工业固废通过各种路径转移到欠发达国家及地区而引发了固废问题的国际治理。从世界范围看,早期发达国家基本上都延循了"先污染后治理"的老路。但随着对工业固废问题认识的不断深入,治理理念也随之发生了转变,尤其在早期发达国家完成工业化并进入后工业化时代后,这些国家的工业固废都实现了源头减量与全过程控制。目前,国外大部分研究主要集中在对各地工业固废管理现状的分析与评价。Grodzińska-Jurczak (2006)研究波兰工业固废产生和管理情况,发现废物主要来源于煤炭和矿石开采、电力和冶金三大部门,在对工业固体废物利用方式、国家管理战略等进行评述的基础上,提出在改进废物管理方面,需要在立法上与欧盟标准保持一致,采用可行的方案替代末端处置,增加废物管理计划的资金投入,以及鼓励地方政府贯彻实施废物可持续管理计划。Ferronato 和 Ragazzi 等(2019)研究了玻利维亚发展中的大城市拉巴斯的城市固体废物管理情景,用于在没有数据可用的地区规划可持续废物管理系统。Cãilean 和 Teodosiu(2016)分析了罗马尼亚 2004 年至 2013 年 10 年间与固体废物管理系统相关的可持续发展指标的演变。Tran (2021)对越南工业化进程中的工业固废问题进行了研究,认为应当对相关主体责任问题进行明确并加强管理。Albert 和 Olutayo (2021)从文化因素展开了对于固废治理影响的分析,认为包括信仰、习俗、态度等在内的文化对于固废的产生治理都有显著影响。Armij、Puma 和 Ojeda(2021)通过设计指标体系并整合在"驱动力—压力—状态—影响—响应"(DPSIR)模型中,用以衡量固废管理项目的有效性,可以帮助决策者优化废物管理计划的绩效。Park 和 Young(2014)认为对再利用行为的深入理解会影响促进废物再利用策略的制定,同时,之前美国再利用的范围局限在家庭回收行为及非常有限的工业固废上。通过影响因素分析认为,废物再利用行为的特征更多取决于商业决策行为。Wolf, Eklund 和 Söderström(2010)以瑞典南部一个小镇为案例,探索工业共生网络开发方法,通过物质流和能源流之间建立共生网络,找到现有能源和物质流的最佳用途。对于资源综合利用来讲,这需要一个大的系统统筹考量,才能取得最佳成效。

2. 治理中的博弈主体及责权利安排研究

参与治理的主体都将依据现有政策法律制度体系开展决策。在解决工业固废问题过程中,大多数学者从污染防治视角开展博弈分析,并对博弈规则的设定和调整提出意见建议,以推进形成参与主体之间相互作用所维持的自我约束性秩序,最终实现博弈均衡,这也是治理期望达成的最终效果。已有文献多从传统污染治理视角关注工业固废产生主体(以下简称"产废主体")与政府之间的博弈关系,如关华等(2014)认为我国主要采用行政手段治理环境污染,地方政府和产废主体之间存在着一定的利益联系,政府制定的环保政策通常无法达到预期效果。熊艳和王岭(2011)从寻租视角选择排污水平超过国家规定标准且具有寻租动机的企业为研究对象,分析地方环保部门与排污企业间的动态博弈过程,并通过模型构建分析了利益集团如何根据寻租的多少来达成影响政府制定最优环境污染规制政策。基于契约理论和激励相容原理,通过运筹学方法和效用函数的运用,在追求综合效用最大化的基础上,田亦尧、郑溯源(2019、2020)对比分析了环

境治理中地方主导、中央主导和私主体主导这三种模式下的收益
情况,以及适用阶段和发展瓶颈等问题,认为地方、中央和私主体
应当接续形成公私协作的联合治理机制。

博弈过程中,主体责任配置直接影响决策。王华(2016)认为
过去资源综合利用工业固废方面的政策法律等都以鼓励和企业
的自觉为主,推行力度不够,也即主体资源化利用工业固废的责
任较弱。朱昌晶(1991)以粉煤灰综合利用为切入点,认为产废主
体和工业固废资源化利用主体(以下简称"利废主体")之间的关
系一直没有通过政策及法律法规予以明确安排,双方无法建立长
期稳定的合作关系,阻碍了工业固废的持续消纳。此外,仅有极
少数学者从工业废弃物循环利用视角,采用博弈论展开研究。卢
福财和朱文兴(2012)从利益驱动的角度入手,针对工业废弃物循
环利用中的企业,进行了主体的合作演化博弈分析,考虑了包括
废弃物供应量、废物价格、原材料价格、原始投入、单位废弃物处
理成本、交易成本、排污惩罚及奖励、机会损失等各种成本参数的
设定,但政策建议分析过于单薄,且当前固废治理时代背景和具体
情势已发生了显著变化,有待重新审视。Kaushal 和 Nema(2013)的
研究认为,利益相关者决策是实施政策所必需的,这些政策既影
响电子设备的初始购买决策,也影响有关土地处置/回收或电子
废物储存的最终决策。基于博弈论,利益相关者的结果验证了合
作优于竞争的原则。Karmperi、Aravossis 和 Sotirchos(2013)综
述了固体废物管理领域中常用的决策支持模型,即生命周期评
估、成本效益分析和多准则决策。此外,还介绍了如何将合作博
弈论和非合作博弈论方法用于多利益相关者情况下的决策建模
和分析。

多元主体将会有效推动治理达效。在责任方式创新的研究
中,汪万和杨坤(2020)将规制成本、惩罚强度和负外部性价值补
偿等作为外生变量,研究认为"三方最终的演化稳定策略是政府

规制、创新企业履行和公众参与,且政府的行为策略在很大程度上直接影响创新企业的策略选择",同时"公众参与促使博弈更快达到均衡状态",其对有关利废主体与产废主体、利废主体与政府之间的博弈关系分析并未有涉及。基于"谁污染、谁治理"责任分配原则下的环境污染治理,无论是控制型政策,还是激励型政策,都要求企业承担治理责任,而在市场信息不对称不完全、交易成本不为零、环境价格无法呈现的背景下,朱清等(2011)认为"企业完全承担污染治理责任并非是有效率的",环境治理的责任安排需要推动企业、居民、政府都积极参与到治理中,成为治理的主体,以更加节省交易成本,提高环境治理水平。

就产废主体的生产者责任来说,生产者应当按照废物生命周期的不同阶段承担不同的责任,需要强化工业固废管理中的生产者责任延伸制度,并加强制度设计,对其应承担的延伸责任内容进行明确量化的考核指标设定,在实际管理过程中加强刚性约束,生产者责任延伸制度实质上就是一种对废弃产品的生产负外部性的政府管制(唐绍钧,2010)。马晓琴和赵雪凡(2019)认为在区域废弃物管理过程中建立生产者责任延伸制度方面,需要从物质责任、财务责任和信息责任三方面开展相关工作。

工业固废治理涉及多方利益主体,主体之间利益的协调和平衡构成博弈过程,规则或制度是各方主体之间的纽带。工业固废从全生命周期的维度检视,涉及的责任主体多元且广泛,包括产废主体、利废企业、地方政府、贮存者、运输者、社会组织、公民等。已有文献更多是从传统污染治理视角关注产废企业与政府之间的博弈关系,且两者在目标一致的情形下容易产生"合谋"的博弈关系,而有关产废企业与地方政府、利废企业与产废企业、利废企业与地方政府之间的博弈关系分析并未有涉及。工业固废作为污染物外排会污染和影响生态环境,而生态环境的公共物品属性会导致工业固废排放过程中"搭便车"问题突出。污染治理过程中,相关利益主体间的博弈始终存在,并根据博弈规则的变化而发生调整。在解决工业固废问题过程中,需要通过出台政策法律以及进行制度安排等,对博弈规则进行设定和调整,以推进形成主体之间相互作用所维持的自我约束性秩序,并最终实现博弈均衡。

四、规制工具及规制效率研究

基于规制高效能够降低和节约规制成本,本书所研究的规制效率是在现有规制规则及规制强度基础上的,全社会对工业固废资源化利用予以投入后取得相应效率的情况。在规制目标达成过程中,由于存在"政策失灵",也即存在规制工具"无效"或"有效性不足",工业固废领域开展资源化利用的规制效率不高,效果不显著,亟待针对规制规则的有效性和规制效率开展相关研究。这就从"以政策失灵为切入视角,给政策分析提供了另一个研究领域"(汤敏轩,2001)。无论是基于社会公共利益需要对工业固废开展规制,还是基于负外部性的规制,开展工业固废资源化利用都是一条必由之路。这需要运用政策工具开展规制,并形成多元主体积极参与共治的环境和氛围,进而实现向社会公众提供良好生态环境这一公共物品的治理目标。

1. 规制工具的研究

政策是通过一系列基本单元工具的合理组合而建构的,因此,政策工具分析以政策的结构性为立论基础,是组成政策体系的元素,也是政府掌握的、用以达成政策目标的方式、措施和手段,或者具体行为的机制和路径,反映了决策者的理念和公共政策价值(曹原,2009)。戴维·奥斯本和特德·盖布勒(1992)在《改革政府》中将政策工具比喻为"政府箭袋里的箭"。工业固废治理中无论是目标的达成,还是政府监管职能的需要,政策法律作为治理工具将发挥非常重要的规制作用,因而有必要针对既有政策法律开展梳理和研究。"文献文字的自然分布状态,携有语言的大量信息"(李波,2005),正如詹金斯(1978)指出的,"在政策领域,过程和内容之间存有某种动态的联系","作为一个分析的焦点,政策内容提供了理论的可能性,对政策内容的考察为探查政治机器的内部动力学提供了手段"。政策法律形成过程中,文本往往显性或隐性地蕴含了相关治理所表达的实质内容,而政策则是由一系列基本单元工具的合理组合而建构的,孙汉文等(2006)认为政策工具分析以政策的结构性为立论基础,反映了决策者的理念和公共政策价值。稳定有效的政策在经过长期实践并形成共同意识后,会通过法定程序上升为法律,通过法律文本的颁布,由全体社会成员共同遵守。从这个意义上来讲,政策工具也是法律工具的元工具,法律文本中亦可解析出政策工具。因而,从政策文本出发量化其政策效力成为一个研究重点(王迪和刘雪,2020)。

有关政策工具的研究成果已经相当丰富,并在发展过程中基于不同的研究主题形成了不同的分类。Linder 和 Peters(1991)认为政策工具是多元化的,它们可以包括命令条款、财政补助、管制规定、征税、劝诫、权威和契约。Hood(1983—1986)认为所有政策工具无一例外都会使用到信息、权威、财力和可利用的正式组织这四种资源中的一种或几种。Mcdonnell 和 Elmore(1987)则根据工具所要求达到的目标将之分为四类:命令型工具、激励型工具、能力建设型工具和系统变迁型工具。Howlett 和 Ramesh(1995)根据在提供公共物品和服务的过程中政府介入程度的高低,对各政策工具进行定位,将政策工具分为强制性工具、自愿性工具和混合性工具。因此,在政策法律文本量化分析的过程中,有关政策工具的分类是灵活多变的,因而在研究过程中,需要研究者根据选择的研究对象和问题,针对研究目标,结合特定的时代背景、发展阶段,合理构建适用于研究对象和研究目的的分析框架,这样才能使结论与客观实际吻合和匹配,进而提供有效的决策咨询建议。

采用政策法律文本进行量化分析的研究主要涵盖了以下领域,如跨地域、跨部门的生态环境协同治理研究(孙涛和温雪梅,2017;姜玲等,2017;操小娟和李佳维,2019;王薇和李月等,2021)、不同时间跨度和区域背景下城市生活垃圾治理研究(龚文娟,2020;李强和黄戏,2021;汤丽梅和王锐兰,2020;樊兴菊和王磊等,2020)、建筑垃圾治理及资源化利用问题研究(胡鸣明和杨美文,2019;陈起俊和张瑞瑞,2020)、绿色治理的变迁逻辑和政策反思、绿色金融政策与工业污染强度的关系。但以工业固废治理政策法律文本为核心关注的研究较为鲜见,尤其将法律法规文本纳入政策工具量化分析框架内的研究极少。通过对政策法律文本的量化分析,研究政策工具及工具体系协调性对于工业固废治理而言,是以政策工具视角去打开治理"黑箱",具有一定的现实意义。

2. 规制效率的研究

"人类要根本性地摆脱资源环境困境,唯一可行的选择就是,坚决而高效率地走过工业化的历史"(金碚,2011)。我国针对工业固废综合利用问题的研究始于20世纪50年代,到20世纪七八十年代,这方面的研究开始被关注,如洪翠宝(1985)发表的《加速发展工业固体废物的再资源化》,都昌杰和陆志方(1988)发表的《工业废渣的综合利用概述》等,但主要聚焦固废环境污染领域。这一时期我国在资源利用工业固废方面的研究相对较少,无论从国家战略规划的顶层设计,还是从政策制度设计,乃至措施的针对性方面都非常薄弱。虽然也出台了优惠政策扶持,鼓励开展工业固废资源综合利用,但实践中仍以污染治理和无害化处置工业固废为主要依循,资源化利用工业固废的实践因多种市场、价格、消费者认知水平等因素交织影响,举步维艰,推进缓慢,进而引发了工业固废资源化利用的治理效率问题。在对国外矿产资源的综合利用政策的述评中,周吉光和陈安国(2018)认为外国非常"注重资源回收利用与环境问题的融合,并通常以高效和科学的立法作为资源回收利用的制度保障"。未来我国资源回收利用治理"应将制度变迁的动力立足于市场基础上,依托经济体内在的力量,发挥诱致性制度变迁的原始推动力作用,以实现制度变迁的持续动态均衡"。

围绕固废治理效率问题,基于数据包络分析模型,耿涌等(2011)针对我国工业固体废物管理效率情况,研究了 30 个省、自治区及直辖市的具体数据,认为我国工业固废管理水平存在显著区域差异,东部经济发达地区效率值高于中西部地区。杨俊和陆宇嘉(2012)运用三阶段 DEA 方法对 30 个省市的数据、对区域环境治理投入效率进行研究认为,"区域环境治理差异受投入效率和累积效应影响导致差异存在扩大趋势",东中部效率差异主要体现在纯技术效率上;西部则同时受到投入总量、纯技术效率和规模效率低下的约束;中部则表现为环境治理投入效率出现收敛。王谦和于楠楠(2020)使用 SBM-DEA 模型评价山东省财政环境保护支出效率。但是,"传统的政策评价方法,如断点回归、双重差分、工具变量法等,倾向于以政策评估结果衡量政策本身的优劣与否,而并未将政策本身的内容和相应的执行效果相结合,易导致政策评价的主观性和不确定性"(王迪和刘雪,2020)。因而,量化政策法律工具及效力成为一个新的研究视角。

五、文献述评

时代发展、政策环境和制度变迁深刻影响着我国工业固废治理进程。在对工业固废价值与外部性问题研究的基础上,人们已经认识到,工业固废污染防治只是手段,工业固废资源化利用才是目的,是解决工业固废问题的治本之策。考察国内现有研究成果发现,研究重点和重心一是侧重于从以"污染物"视角进行的污染规制和管控研究,二是侧重于以资源化利用工业固废技术及实现路径为重点开展的实践及技术层面的研究。学界围绕工业固废资源综合利用的规制和制度体系构建研究还尚处于萌芽,未有基于工业固废资源化利用制度及变迁的系统梳理与研究。总体来看,以"资源利用"为视角的研究并非主流,以制度为核心、开展工业固废资源化利用规制有效性的研究更是凤毛麟角。中国特色社会主义步入新时代和新的发展阶段,社会发展的主要矛盾发生了变化,人民群众对"蓝天绿水青山"的需求越来越迫切,这也对工业固废治理提出了更高的要求。基于对现实和未来治理形势,以及工业固废产量趋势的判断,我国工业固废的资源综合利用工作目标和任务的完成将面临较大压力,需要针对"治本之策"开展研究。在新《固废法》出台引发的新一轮社会关注和研究热潮基础上,针对过往形成的工业固废综合利用政策法律制度的有效性及规制效率开展研究是必要的,从工业固废资源化利用规制视角切入,针对我国工业固废治理的制度现状展开梳理,针对规制规则的有效性和规制效率存在的困局进行分析,将会助力新时期新目标新任务的实现。

第三节 理 论 基 础

本书以循环经济理论、公共物品理论、外部性理论和交易成本理论构建起对问题分析的理论框架,为问题的解决提供目标指引、规制依据、责权利配置的基础和制度完善的依循。

一、循环经济理论:目标指引

工业固废治理研究与循环经济理论有着天然不可分割的联系。传统工业化模式的缺陷和人类可持续发展是循环经济产生的现实背景(戴燕艳,2005)。自18世纪60年代开启工业革命以来,人类社会对自然界的开发利用、破坏影响达到了空前水平。传统工业化进程中经济发展模式倾向于对资源一次性单向使用,物质资源大规模单向低效流动造成资源浪费和大量废物单向度排入生态环境系统中。以鲍尔丁1966年提出"宇宙飞船理论"为标志,循环经济理论雏形初步形成。其通过实验结果论证了宇宙飞船作为一个相对独立的系统,不断消耗自身有限的资源,最终会因资源耗尽而毁灭。而要维持持久飞行,就必须对有限的资源高效循环利用,此结论亦可适用于地球系统。随着发达国家相继进入后工业化时代,循环经济理论也逐渐从理论成熟走向现实实践。循环经济作为一种新的经济发展模式,否定了传统工业线性的"资源—产品—废物排放"的"开环"模式,批判了传统工业经济不可持续的增长模式,并提出了应当建立"闭环"的"资源—产品—再生资源"的循环模式。

工业固废资源化利用,无论是在微观企业清洁生产过程中,还是在产业及全社会发展循环经济过程中都是一项重要内容。循环模式的本质是把"废物"看作"资源",将"废物"进行"资源化"再利用,形成循环闭环。因而,"循环经济的核心内涵就是开展资源的循环利用"(陈德敏,2004)。循环经济是一个经济过程,也遵循成本收益原则,但要求将环境与资源纳入经济增长和发展过程中,通过政策法律制度等予以规制,调整微观市场主体成本收益,进而影响价格形成,形成内生动力,通过市场化路径推动实现可持续发展目标。循环经济不是传统意义上的经济,不能以传统的经济发展指标衡量循环经济的发展,需要将减量化和资源化具体转化为可度量的指标,用于衡量和评价循环经济系统的效率。微观层面,工业企业需要开展生态设计和清洁生产,以实现微观层面的循环经济;中观层面,产业要实现绿色发展,需要针对工业企业固废产生的特点,开展园区、区域范围的协同利用,以实现工业固废在园区和区域范围内的资源化利用,推动实现循环经济在产业和区域层面实现;宏观层面,循环社会、"无废城市"的建设,需要对工业固废开展资源化利用,减少天然资源的采掘与利用,在保护"青山绿水"的同时,提升资源供给能力。

二、公共物品理论:规制依据

"市场可以解决资源配置的效率问题,但是无法解决优先于效率的可持续性或者公平问题"(乔舒亚和迪帕克,2018)。政府需要向社会公众提供公共物品,以提升社会整体福祉。社会发展的不同阶段对于公共物品的需求不尽相同,生态环境也已经成为社会大众的共同需求,纳入了政府需要提供的公共物品范畴,这就要求政府通过相应的规制以达成治理目标。林达尔提出了现代经济学意义上的公共物品,其一般是与私人物品相对的。萨缪尔森等人在之后加以系统化发展完善,在《公共支出的纯理论》论文中认为公共物品是"所有成员集体享用的集体消费品,社会全体成员可以同时享用该产品。而每个人对该产品的消费都不会减少其他社会成员对该产品的消费"(萨缪尔森等,1954)。张五常认为"公共物品是一种制度安排,存在公有产权,其交易受交易成本的制约"(张五常,2001)。公共物品一般都具有正外部性,公共物品理论的建立将政府视为一个独立于经济之外的客观存在,认为在实践中需要政府干预,这也是政府规制的理论基础。

随着社会文明的进步、科学技术的突飞猛进、消费者收入及购买能力的不断提高,公共物品的范畴并不是一成不变的,而是随着社会大众需求变化而变化的。公共物品理论是政府对工业固废资源化利用目标进行规制的依据。工业固废资源化利用对于社会而言,提供了公共物品,自发的价格机制难以发挥有效调节作用,就需要政府创造出市场可以有效发挥作用的条件和环境,使得原先既不可交易也没价格发现机制的工业固废资源化利用行为"具有了私人品的产权边界,使其具有可交易和价格发现机制,从而可以由市场机制进行'配置',进而达到合意的均衡状态"(金碚,2010),起到保护环境和节约资源的作用。如果将工业固废作为"资源"利用,这一过程具有环境正外部性,需要对正外部性行为建立补偿机制,也需要政府就此开展规制。

三、外部性理论:责权利配置的基础

最初的"外部"概念是由马歇尔提出的。马歇尔考察企业内部和外部两个方面,提出了"内部经济"和"外部经济",进而提出了影响企业生产成本的分析方法。科斯认同"外部性",并在《社会成本问题》一书中提出"对他人产生有害影响的那些工商企业的行为",就是"负外部性问题",且对于这类问题的决策依据应当按照社会总福利的增加来进行取舍。恩格斯也曾指出:"我们不要过分陶醉于我们对自然界的胜利。对于每次这样的胜利,自然界都报复了我们。""人类每一次胜利,在第一步都确实取得了我们所预料的所得,但是在第二步和第三步却有了完全不同的、出乎预料的影响,常把第一个结果又取消了。"从外部性视角来看恩格斯的观点,实际上第二、第三步都是在"弥补"第一步所产生的负外部性成本。

对于生态环境问题而言,外部性理论一直是解决问题的重要理论支撑。工业固废资源化利用与资源节约和生态环境保护息息相关。工业生产过程基本上都存在显著的负外部性,工业固废的产生与解决也都需要寻求外部性理论的支撑,从责权利配置的角度,就是要将外部成本内部化,以及使具有正外部成本的行为及主体得到适当补偿。具体而言,工业固废治理实际上有两条路径可选择:一是依据其污染物属性,具有负外部性,应当负担"谁

污染、谁治理"的责任,产废主体对工业固废依法依规开展无害化处置,由此产生的成本即为污染治理成本,应然状态下,该成本应当与其产生的环境负外部性成本一致;实然状态下,该成本往往无法覆盖环境负外部性造成的全部治理成本。二是依据其资源属性,具有正外部性,通过建立相应的市场机制,赋予"价值"以价格,通过市场化路径对其进行综合利用,将对工业固废开展资源利用的责任交由想获取"价值"的主体,这些主体既可以是产废主体,也可以是第三方主体,进而利用工业固废资源生产出再生产品及原料,继续进入经济社会生产生活领域产生新的经济价值。资源化利用工业固废在不对或者少对生态环境产生负外部性影响的同时,避免了因无害化处置可能带给生态环境的不利影响。而其中工业固废的资源属性的"价值"需要建立起相应的补偿机制,补偿标准应当与作为污染物治理的成本相当或略高。如果仅仅将工业固废看作"污染物",需将污染的负外部成本内部化,而实际上"污染治理"或"无害化"处置作为末端治理的成本投入并不能实际消除对环境的真实影响和破坏,某种程度上可以看作沉没成本。

四、交易成本理论:制度完善的依循

制度的产生是为了节约交易成本。在这一逻辑的指引下,任何制度创新都是一种选择,选择交易成本更低、更便捷的路径,这就是制度完善的过程和机制。以交易费用为基石的现代产权理论成为新制度经济学的重要内容,并在以科斯、诺思为代表的经济学家的研究推动下,取得了瞩目成就。科斯的突出贡献是认为真实世界是一个到处充满"交易费用"的世界,交易费用作为"交易成本",应当纳入传统的经济分析中。之后,斯蒂格勒基于对科斯思想的总结归纳提出了后来被广泛接受的"科斯定理"。通过"交易成本"这一核心概念,"科斯定理"将法律制度的安排和资源

配置效率紧紧联系在了一起,为经济学理论和方法适用于法律问题及现象的研究指明了方向。科斯非常关注真实世界,认为现实社会中,权利界定与市场资源配置之间存在相互关联与影响,政府的作用是需要创造市场、确定产权归谁所有,之后由市场机制根据确定的产权,实现对资源的配置。张五常在此基础上又进一步提出,"资产的所有权不重要,使用权和收入权很重要,且需要明确界定权属问题"。此外,正式制度安排所不能解决问题,需要诸如意识形态、文化等非正式制度的运用发挥降低交易成本的功能。

就工业固废资源化利用而言,由于存在外部性导致的"市场失灵",以及制度体系不健全不完善,致使制度性交易成本较高,阻碍了市场形成与发展。因而,初期需要政府干预,帮助推动建立可实现良性运转的市场体系。在形成"市场"的过程中,需要创制三个基本条件:一是行为主体具有利用"废物"的权利,也即"废物"的产权归谁所有;二是行为主体具有利用"废物"的技术;三是行为主体能够从"废物"利用中获得收益,而这也是推动市场形成的根本动力。因而需要紧紧围绕上述三个基本条件,加速推进资源环境要素内生于国民经济的价值形成体系(陈兴鹏,2014),解决阻碍市场形成和发展的桎梏,降低交易成本。从工业固废治理领域来看,制度形成与演化的内在动力一是遵循基于宏观政策目标指引,二是依赖市场主体参与治理过程中的微观成本收益来推动的。政策法律作为规制工具,在对主体责权利的配置过程中,可以直接或者间接影响市场主体行为的成本收益。决策者制定宏观目标后,在市场发生失灵、无法自发实现和达成目标的情形下,可以运用不同类型的规制工具,通过"看得见的手"叠加对微观主体的影响,对成本收益进行调整,推动实现治理目标达成。

第四节 研究思路与方法

一、研究思路

构建现代化生态文明治理体系要求,一是要有现代化的制度体系,二是要有现代化的治理能力。工业固废资源化利用作为建设生态文明的重要内容和题中应有之义,亦需有效的制度作为规制依凭,同时需要有相应的能力建设,提高治理效率。这也是本研究聚焦的两大问题,即规制规则的有效性问题和规制效率问题。

针对规制规则的有效性,本书展开两个维度的分析:

一是从博弈主体责权利安排角度,通过博弈分析,发现规制目标引领下的博弈主体责权利安排的应然状态,为调整博弈主体责权利安排、提高规则有效性探寻思路与路径。"制度既是博弈规则,也是博弈均衡",亦可理解为"制度既是博弈规则,也是博弈结果"(青木昌彦,2017)。包括政策法律等在内的制度作为博弈的规则,是通过聚焦主体责权利安排,并通过责权利配置的调整,来实现引导行为主体决策、达成治理目标的。从博弈论视角分析,制度的有效性可以最终分解到博弈主体之间责权利安排上。因此,本文通过分析博弈主体之间责权利安排现状,进而构建模型、矩阵及对博弈主体最优决策求解,在对比非合作博弈和合作博弈结果的基础上,分析责权利安排的应然状态,并为调整实然现状提供思路。

二是从文本量化分析的角度,检视各类规制工具的使用及分布现状,分析规制工具的实然状态,发现规制目标改变后规制工具的调整思路与方向。作为博弈规则的制度,在实际运用过程中,通过分解为各种具体的规制工具,进而发挥调控和影响主体行为的作用。在某种程度上来讲,规制的过程就是运用规制工具的过程,是分析规制有效性的另一个重要维度,并为优化和调整规制工具提供研究结论参考。

针对规制效率问题,本书运用数据包络分析方法,通过构建投入产出指标体系,运用 Super-SBM 模型对规制效率进行测度,并对影响规制效率的因素进行分析,为之后政策建议的提出提供实证研究结论支撑。

本书聚焦上述两个问题,基于我国现有工业固废污染防治和资源综合利用领域的基础理论及研究成果,以促进工业固废资源化利用为切入点,梳理我国资源综合利用方面的政策法律制度,总结制度演进及变迁的特点,研究阻碍工业固废资源化利用的"堵点"和"难点",厘清政策法律制度层面存在的问题,以期为"十四五"和未来相当一段时期内有效化解工业固废问题提供对策和建议。

二、研究方法

本研究综合运用文献研究法、逻辑演绎法、博弈分析法、文本量化分析法、数据包络分析法等方法,力求通过多层次、多角度,研究我国工业固废资源化利用规制有效性及效率问题。

1. 文献研究法

系统梳理和分析循环经济、清洁生产、环境规制等领域的现有研究成果,归纳总结目前我国工业固废治理的历程、现状与面临的问题,以及治理方面存在的不足等,确定研究的方向和主要内容。在梳理我国工业固废污染治理和资源综合利用领域的政策法律文件的基础上,找到"堵点""痛点",为提出针对性强的意见建议做好文献研究的基础准备。

2. 逻辑演绎法

运用逻辑演绎法,在搜集整理文献基础上,一方面,研究我国工业固废资源化利用的制度变迁及特点;另一方面,在对制度变迁和制度现状分析的基础上,发现当前工业固废资源化利用存在的规制困境,为后续研究提供进一步的研究目标与方向。

3. 博弈分析法

作为经济学新近兴起和发展的一种分析工具,在博弈过程中,会有与经济学相通的假设,即假设决策主体是理性的,是以最大化自身利益为目标和追求的。每个参与博弈的局中人都认为彼此是完全理性的,这是局中人的共同知识。博弈分析涉及的要素包括局中人、策略、得失、决策顺序以及博弈结果。本书运用博弈法分析和研究参与工业固废治理的局中人之间责权利分配现状,发现责权利配置上存在的问题,为博弈规则即政策法律的完善提供分析研究和完善视角。

4. 文本量化分析法

政策法律作为治理工具在工业固废规制中发挥着重要作用。政策法律文本的形成蕴含了规制所表达的实质内容,通过搜集和筛选相关政策法律文本,构建"参与主体—政策工具"二维分析框架,编码并进行统计。运用文本量化分析方法将政策法律制度以规制工具维度进行分解和量化,建立规制强度和规制工具使用频度等量化分析基础,并为引入后续规制效率分析做好指标和数据的量化准备。

5. 数据包络分析法

运用数据包络分析法采用规范与实证相结合的方式,从历年《中国统计年鉴》、《中国环境统计年鉴》、《中国工业经济年鉴》、《中国城市统计年鉴》、《中国能源统计年鉴》、《中国生态文明建设年鉴》、《全国大中城市固体废弃物污染环境防治年报》(2014—2019)以及山西省生态环保厅、山西省统计局、山西省能源局、山西省自然资源厅等途径获取相关统计数据,用于测度规制效率,并进行影响因素的实证分析研究,得出相应结论。

第五节　主要内容及创新

一、主要内容

本书主要研究内容如下：

第一章为绪论。首先,在对研究背景进行深入了解的基础上指出研究工业固废资源化利用规制有效性及效率研究的理论及实践价值。其次,开展核心研究内容综述,针对我国工业固废的基本概念内涵和分类进行深入剖析,清晰界定"工业固废"的研究范围和边界。之后,运用循环经济理论、公共物品理论、外部性理论和交易成本理论,从目标指引、规制依据、责权利配置和制度完善的依循等方面探寻理论支撑。最后,在介绍本文研究思路、框架及方法的基础上,阐述主要内容及创新。

第二章对工业固废资源化利用制度变迁及面临的困境进行研究。从我国工业固废资源化利用的发展阶段入手,分析制度演进特点和趋势,并在分析现阶段政策法律制度现状的基础上,提出治理面临的规制困局。

第三章针对工业固废资源化利用进行规制规则博弈分析。从博弈论视角,对工业固废资源综合利用过程中各"局中人"的责权利分配及相互关系进行分析,通过分析非合作和合作博弈,对各"局中人"的决策行为进行分析,进而提出完善思路,以期实现治理过程中的社会效益最大化目标。

第四章围绕工业固废政策法律文本,对规制工具开展量化分析。梳理当前我国工业固废资源综合利用的核心政策和法律文本,通过构建二维分析框架,对规制工具进行量化分析。基于量化结果,分析现阶段工业固废资源化利用治理中规制工具运用分布现状和存在的问题,并提出调整思路。

第五章聚焦工业固废资源化利用的规制效率及影响因素开展实证研究。在广泛搜集相关指标和数据的基础上,选取适宜变量,运用数据包络分析方法进行投入产出效率测度,并对影响因素进行实证分析,得出相关结论,为提出针对性较强的意见建议提供有力的实证结果支撑。

第六章对域外工业固废治理和经验进行梳理,选取具有代表性的德国和日本进行详细介绍、分析和总结,以期对我国工业固废治理有所借鉴。

第七章基于前述有关工业固废资源化利用的相关分析,针对优化我国工业固废资源综合利用政策法律供给的路径进行研究,提出政策建议和操作性较强的对策措施,为促进和推动资源化利用工业固废提供决策参考。

最后总结研究结论,并结合本书研究指出未来有待进一步开展研究的方向。

二、拟解决的关键问题

本书拟解决的关键问题是推动实现工业固废规制理念和制度安排如何从污染防治转向资源化利用,通过完善调整制度安排和提高规制效率,切实解决工业固废问题。

一是探索建立工业固废"污染物"属性向"资源"属性的转换机制。工业固废资源综合利用问题的根源在于对工业固废属性的认识和界定不明晰。对工业固废属性溯源和分析定位是决定治理路径选择和治理成效的关键所在。工业固废双重属性中,一是污染物属性,不做资源化利用,需无害化处置,存在无害化治理成本;二是资源属性,可资源化利用、制备"二次产品",重新进入市场产生价值,同时减少排入环境,具有一定的环境正外部性。从时间空间维度来看,两种属性之间存在转换机制,但成本、利益、利润、信息不对称等问题阻隔了转化的效率和速度。这与相

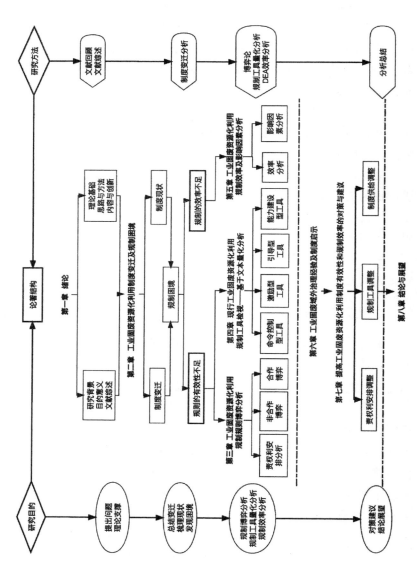

图 1-5　本书研究技术路线图

关政策法律制度有效供给不足和政策工具运用不适宜有关。本书从工业固废属性入手,厘清转化机制,为政策和法律的完善以及指导治理实践明晰了方向。

二是检视现行工业固废资源化利用政策法律规制工具供给状况及存在问题。首先,对核心政策法律文本进行收集和筛选,基于工业固废资源化利用的特点和政策法律现状,选取适宜的分类标准对政策工具进行分类,构建二维分析框架。其次,对筛选后的核心政策法律文本依据前述二维分析框架进行编码,并在框架下对规制工具进行分类统计。统计结果将成为对规制工具使用和分布情况进行量化分析的基础。

三是构建工业固废资源化利用规制效率测度模型,实证分析影响因素,提出提升规制效率的建议。选取合宜的投入产出指标,构建指标体系,运用优化后的 Super-SBM 模型,测度规制效率现状。在获得规制效率测度结果后,通过选取影响因素指标,构建模型等,实证研究分析相关影响因素,以系统论为指导,提出提升规制效率的路径及建议。

三、创新之处

本书的主要创新体现在以下三方面:

一是研究成果创新。以工业固废属性入手,以污染防治和资源化利用的相互关系为引线,深入研究我国工业固废资源化利用的制度变迁,提出我国工业固废资源化利用治理经历了五个发展阶段:无序治理阶段、治理起步阶段、堆填为主阶段、贮用结合阶段和以用为主阶段。研究认为工业固废的污染防治只是手段,工业固废的资源化利用才是目的,并且在变迁过程中呈现出治理理念、观念意识、规制力度、指导原则和组织协调等诸多变迁特点。

二是研究视角创新。用不同类型的政策法律工具表征当下的治理特点,运用政策法律量化分析法,梳理 1985—2020 年出台的与工业固废治理相关的政策法律文本,筛选出 75 份文件展开量化分析,并基于强制性程度不同,将政策法律工具分为命令控制型工具、激励型工具、引导型工具和能力建设型工具四种类型。通过构建二维分析框架,对文件文本内容进行编码,并对规制工具分类统计,得出现行制度体系下不同政策法律工具的使用频数,反映工具分布及使用偏好,表征当前工业固废的治理特点。

三是研究方法创新。在规制效率分析中,将政策法律颁行数量和规制强度作为投入指标,与其他投入指标一起,构建起了规制效率评价模型。在过去及现阶段工业固废治理研究中多偏重污染管理、少关注资源利用的情况下,以法律经济学视角,运用经济学方法,将法学中政策法律作为变量引入效率测度,在研究方法上有一定的创新性。

本　章　小　结

本章是全文的绪论部分。首先,在对研究背景进行深入了解的基础上指出工业固废资源化利用规制有效性及效率研究的理论及实践价值。其次,开展核心研究内容综述,针对我国工业固废的基本概念内涵和分类进行深入剖析,清晰界定"工业固废"的研究范围和边界。之后,运用循环经济理论、公共物品理论、外部性理论和交易成本等理论,从目标指引、规制依据、责权利配置和制度完善等方面探寻理论支撑。最后,在介绍本文研究思路、框架及方法的基础上,阐述了主要内容及创新。

第二章

工业固废资源化利用制度变迁及规制困境

制度是治理的依据,治理是制度的实践,制度的实践过程就是治理。社会治理需要有制度作为规则和依据,同时,还要有与之相适应的治理能力建设,才能有效解决问题,达成治理目标。基于对世界认识的不断拓展和深入,人类关注的问题越来越多,且随着越来越多的关注,会引发所谓社会层面的"重要性",进而出现专门的人或组织就"重要问题"开展针对性研究和讨论。当"重要问题"进入政府治理视阈范围内,则标志着该问题将开启正式治理。"重要问题"在得到正式治理、到被有效化解之间的这段过程,围绕治理和目标达成,政府会颁布一系列政策法律,逐渐形成相对稳定有效的制度体系和良性机制,同时开展与之相适应的治理能力建设,确保制度有效运行,推动治理目标达成。在此过程中,政策法律工具的颁行使得制度得以形成并演进;有效的制度又具有自我强化的能力,以确保制度的稳定存续,直到新的、影响制度有效性的局限或者变化出现。我国工业固废资源化利用在中国特色社会主义制度之下的工业化、城市化进程中经历了与发展阶段相适应的制度变迁,同时也依然面临着新形势下的规制困境。

第一节 发展阶段概述

以标志性事件和文件出台为分割点,辅之以我国经济社会发展的五年计划和规划,本研究总结归纳我国工业固废资源化利用分为以下五个发展阶段:新中国成立初期的无序治理阶段、经济恢复期的治理起步阶段、经济社会高速发展时期的堆填为主阶段、循环经济与可持续发展理念指引下的贮用结合阶段、生态文明建设过程中转向以用为主的资源化利用阶段。制度变迁反映着不同发展阶段社会对成本收益的综合考量。改革开放之初,在我国经济发展的起步期,以经济发展为第一要务的目标指引下,隐藏在制度背后的成本收益法则指引制度选择了工业固废的"污染物"属性,并由此展开了末端治理和污染防治工作。与同一时代背景下的资源综合利用相比而言,开展末端治理在当时发展阶段来看,社会发展成本、企业生产经营成本等方面的综合成本相对较小,有益于促进经济发展、企业发展。随着我国经济社会步入高质量发展新阶段后,国家综合国力显著提升,人民生活水平和生活质量显著提高,社会基本矛盾发生改变。与此同时,国家发展受到的保护生态环境、应对气候变化等约束也越来越多,国际国内宏观形势和环境的变化使得针对工业固废进行污染治理在成本方面越来越不具有优势。工业固废资源化利用在成本效益方面的优势则随着污染治理成本的上升而显现,其将会成为未来制度变迁的选择,以此为基点,新的治理目标和制度体系将会重新调整和构建。

一、无序治理阶段 (1953—1970)

这个阶段覆盖了新中国成立后的恢复重建期,包括"一五""二五""三五"计划时期,从 1953 年延续到 1970 年,共 18 年。这一阶段政府针对工业固废的治理尚处于空白,无论是在污染防治方面,还是在资源综合利用方面,都处于既缺乏顶层设计,又没有具体政策法律指引的无序摸索阶段。从国际范围来看,早期工业化国家在这一时期都处在经济高速发展、工业化快速推进过程中,工业固废问题凸显,包括工业固废资源化利用在内的工业固废治理也在这些国家展开。这也引起了国内小部分有识之士和具有前瞻意识的管理者开始关注我国工业固废问题。

新中国成立后百废待兴,生态环境问题尚未成为社会重要关注,社会发展的主要矛盾还是人民群众的温饱问题。"四五"计划之前,我国国民经济处于重建与恢复期,并经历了"大跃进"影响,工业发展缓慢,规模和整体水平不高,在国民经济发展过程中的支撑能力有限。无论是环境污染治理,还是固废资源化利用都还没有开展的经济基础和社会氛围,但这并不意味着问题不存在。新中国成立后,我国工业固废资源化利用的实践要早于相关政策法律的出台。经济恢复重建过程中,国家工业基础薄弱,技术落后,产能低下。从钢铁产量来看,这一阶段我国工业规模和工业产品产量不大,工业固废的产量尚在环境容量可承载范围内。以"二五"计划时期主要指标为例,1962 年中国钢产量目标为1 050万—1 200 万吨(曹文炼和张力炜,2018)。按照吨钢产生固废 600 千克—800 千克估算,当时钢铁行业产废量约为 630 万—960 万吨。同时,迫于资源供给匮乏,工业生产过程中,一方面,一线技术人员勤俭节约、开源节流,积极开展工业固废资源化利用的实验和实践;另一方面,相关科研机构和企业技术人员在工业固废资源化利用方面也积极开展了相关研究和实践,为之后工业固废资源化利用奠定了技术和经验基础,如中国科学院土木建筑研究所在当时就已经对粉煤灰在建筑材料中的应用进行了相关研究。

生产重建是恢复重建期的重要工作内容,固废产废规模并未成为制约当时发展的瓶颈,且囿于当时工业生产技术水平,工业固废问题无论从污染角度,还是从资源化利用角度,都尚未能引起社会各类主体的广泛关注,在缺乏正式规制的恢复重建期,工业固废治理处在无序和资源化利用的自觉自愿状态。

二、治理起步阶段（1971—1985）

我国工业固废治理的起步阶段跨越了"四五""五五"和"六五"计划时期,共 15 年。国际上,1972 年联合国在斯德哥尔摩召开了第一次全球人类环境会议并通过了《人类环境宣言》。同年,罗马俱乐部发行《增长的极限》也成功引发了国际社会对于资源耗竭和环境问题的广泛关注。早期发达国家工业固废治理理念也开始发生转变。如 20 世纪 80 年代后,德国废物管理的战略指导思想开始由早期单纯处理向着综合施治转变,开始重视源头控制和综合利用,进而实现有效控制污染和回收利用资源的目的,从根本上扭转了废物管理的内涵(田贵全,1998)。

在此背景下,1970 年前后,周恩来总理多次指示国家有关部门和地区切实采取措施防治环境污染,以工业废水、废渣、废气这"三废"为主的工业固废治理拉开了序幕。在新中国法律体系不健全的情况下,工业固废领域政策先行,发挥了重要的指引和规制作用。1973 年指导固废资源综合利用的文件《关于保护和改善环境的若干规定》,1979 年第一部环境污染防治基本法《环保法(试行)》,以及 1984 年原国家环境保护局开始酝酿起草《固体废物污染防治法》等政策和法律文件颁行,标志着我国完成了固废治理领域最初的建章立制工作,为我固废治理工作进行了最初的顶层设计。

我国这一阶段的经济发展在资源供给方面存在突出瓶颈,客观上要求工业生产要积极开展综合利用,提高资源利用效率,这也是缓解资源紧缺的一条重要路径。因此,出台的第一项环境保护文件在最初的顶层设计中就明确提出了"综合利用,除害兴利"的工作方针,尤其要对工业生产过程中排放的废渣开展综合利用,并在税收和价格上给予优惠。因而,工业固废最初的治理实际上强调的是资源"综合利用"为先,以"除害兴利"为目标导向,并确立了最初的"源头减量"和"综合利用"两个重要原则。同时，面对日渐突出的工业固废污染问题，1979年我国出台了《环保法（试行）》，以期立法遏制工业固废问题的恶化。但该法是一部典型的污染防治法，主要针对固废污染问题予以规制，虽然法律文本也就资源综合利用提出了鼓励引导性条款，但并不是该法的核心关切。

这一阶段，我国形成了红头文件指导资源综合利用和依法开展固废污染防治的模式。从效力上来看，《环保法（试行）》无疑更胜一筹，这也为之后固废污染防治工作的"硬"和固废资源综合利用的"软"埋下了伏笔。与此同时，国内的专业机构和组织也开始关注固废问题。1980年6月开始，中国环境科学学会固体废物污染控制专业组成立并在北京积极开展筹备"固体废物污染控制大会"的相关工作。该组织成立的任务是组织工业固废利用和城市垃圾治理方面的学术活动，促进"固体废物污染控制"领域的学术交流和人才培养。此后有关固废污染、固废科技情报等领域的学术组织和交流活动陆续展开，为我国开展固废治理工作提供了专业技术方面的人才、信息储备和前期基础研究工作。

三、堆填为主阶段（1986—2000）

工业固废治理以堆填倾倒为主的时期跨越了"七五""八五""九五"计划时期，共15年。1989年，在瑞士巴塞尔，联合国环境规划署召开了大会并签署了《巴塞尔公约》。自此，国际范围内达成了旨在保护人类健康和环境免受危险废物和其他废物的产生、越境转移和处置造成不利影响的共识。与此同时，我国1978年开始改革开放，迎来了经济快速发展期，工业固废治理也并行不悖地沿着资源综合利用和污染防治两条路径开展着相关工作。以1985年《关于开展资源综合利用若干问题的暂行规定》发布、1989年我国第一个资源综合利用发展纲要《1989—2000年全国资源综合利用发展纲要（试行)》颁布、1989 年《环保法》出台及 1995 年《固废法》颁行等为标志，我国进入了工业固废堆填为主时期。

这一阶段国家重视资源综合利用工作使得工业固废资源化利用取得了一定的成效。《关于开展资源综合利用若干问题的暂行规定》是国内有关资源综合利用的一个标志性专项文件，该文件将资源综合利用作为一项重要工作予以单列，提出建立资源综合利用的"三同时"制度①，并后续配套出台了实施文件②。第三、第四次全国环境工作会议通过的《1989—1992 年环境保护目标和任务》《全国 2000 年环境保护规划纲要(试行)》《关于"九五"期间加强污染控制工作的若干意见》等，则以目标任务为引领，将我国工业固废治理的制度体系逐渐建立并完善起来。这一时期在已有的"三大环境政策"③基础上进一步形成环境管理的"八项制度"④，成为了固废污染治理的重要制度构成。"九五"时期，固废污染防治进一步推行清洁生产，制定了污染源达标排放验收办法，出台了一系列污染控制领域的环境标准等，强化了固废污染防治工作。立法层面，1989 年颁行的《环保法》将资源综合利用内容基本删减，全面强调了从污染治理角度开展环境保护，以末端治理和管控为底线，成为真正意义上的环境污染防治基本法，彰显了末端治理的治理理念。而这也直接导致了最初顶层设计在立法层面的改变，资源综合利用从环境保护工作中分离出去，与

---

①　资源综合利用"三同时"制度是指：对于确有经济效益的综合利用项目，应当同治理环境污染一样，与主体工程同时设计、同时施工、同时投产。

②　主要配套实施文件包括《资源综合利用项目与新建和扩建工程实行"三同时"的若干规定》和《资源综合利用项目"三同时"目录》。

③　三项政策分别是预防为主、谁污染谁治理、强化环境管理。

④　自 1973 年召开第一次全国环境保护会议到现在，我国在积极探索环境管理办法的过程中，找到了具有中国特色的环境管理八项制度，也就是老三项制度和新五项制度的总称，分别是环境保护目标责任制、综合整治与定量考核、污染集中控制、限期治理、排污许可证制度、环境影响评价制度、"三同时"制度和排污收费制度。

污染防治成为两项并列的工作予以分别推进。1995年,针对日益严重的固废环境污染问题,我国《固废法》也历经十年酝酿后经第八届全国人民代表大会常务委员会第十六次会议审议通过,拉开了我国固废治理新篇章。此外,针对突出的进口"洋垃圾"问题,1997年的《刑法修正案》增加了相应罪名,将重点放在了治理进口固废上(许良,2012),以最严厉的刑罚震慑不法行为。

这一时期固废治理与我国经济高速增长期重叠,面对以经济发展为第一要务的目标指引,固废治理全面陷入了两难境地。这一阶段,我国明确了国家经委对资源综合利用工作开展组织协调监督检查工作,开启了资源综合利用、环境污染防治、节能减排、清洁生产、循环经济相互交织、多头并举的固废治理时期。政策与法律层面治理目标和路径的差异,导致工业固废治理工作在法律的引领下,全面走向了污染防治的方向;而以政策激励引导为主的工业固废资源化利用陷入了发展的困境。以"三同时"制度为例,与环境污染治理设施"三同时"制度相比,资源综合利用"三同时"制度仅在政策中提及,并没有得到切实有效的贯彻和落实(常纪文和杨朝霞,2018)。

四、贮用结合阶段 (2001—2015)

工业固废治理的贮用结合时期覆盖了我国"十五""十一五"和"十二五"时期,共15年。国际上,早期发达资本主义国家陆续完成工业化并进入后工业化时代,这些国家的工业固废基本已经实现了源头减量与全过程控制,资源化利用工业固废取得了显著规制效果。如德国2000年左右煤矸石总体利用率已达到90%以上,矿渣水泥占市场总销量的30%。国内方面,我国成功避开了1997年亚洲金融危机的影响,走上了长达十年的经济高速增长期。同时,社会公众环境意识的觉醒使得发展不再是单一经济向度的发展。环境污染问题伴随经济发展而产生,工业化进程加深了污染影响的广度与深度,并逐渐成为制约经济发展的瓶颈。

19世纪末20世纪初,循环经济理念从国际引入国内并很快得到国内高层领导、环保部门和相关专家学者们的认可与重视。我国也以试点方式,先后批准建立了生态经济试点省和循环经济试点省,部分市县也积极开展循环经济规划的编制和实施(李兆前和齐建国,2004)。2002年出台《清洁生产促进法》、2008年出台《循环经济促进法》,以立法确立和鼓励开展清洁生产和促进循环经济发展。2006年,国务院同意并批复了由发改委牵头实施的"发展循环经济工作部际联席会议制度"。之后,循环经济相关规划文件和分年度行动计划等在国家和地方各级政府中得以贯彻和实施。

在发展战略层面,我国开始调整发展战略和指导思想。党的十六大之后,我国经济社会发展开始积极探索新型工业化道路,避免走传统工业化"先污染、后治理"的老路;党的十七大之后,在以人为本的科学发展观指引下,我国向着谋求建设资源节约型和环境友好型社会方向前进;党的十八大之后,生态文明建设成为执政方略,为未来的发展模式与方向提供了战略指引。与此同时,"十五""十一五"和"十二五"规划中也都将资源节约、生态环境保护问题进行了重点安排。这一阶段我国固废治理目标任务明确,通过出台法律法规、规划、专项规划和实施方案,对问题突出的大宗工业固废开展针对性治理,并通过开展循环经济试点项目和资源综合利用基地建设引领发展,促进工业固废资源化利用。

这一阶段法律法规和政策文件密集出台,是我国工业固废建章立制的重要时期。同时,政策目标开始呈现量化趋势,但囿于监测监管能力不足和目标强制约束力缺乏,上述目标在完成方面大打折扣。国家针对大宗工业固废综合处理与资源化利用的关键技术及领域进行了资金支持,培育了一批具有自主知识产权的先进技术,企业在这方面的研究经费投入也逐年增加,资源循环利用科技创新体系逐渐形成。"十二五"时期,我国大宗工业固废逐渐改变了"堆储为主"的处理方式,开始转向综合利用为目标导向的治理,并取得了一定的成效。此外,在可持续发展战略和科学发展观指引下,我国还开展了禁止使用实心黏土砖工作[1],推动了工业固废的跨行业资源化利用工作,并以限制黏土等自然资源的开发利用倒逼工业固废资源化利用。

五、以用为主阶段（2016 年至今）

我国进入生态文明建设的新时期后,"十三五""十四五"及更远的未来我国工业固废将转向以用为主的阶段。在全面推进生态文明建设过程中,我国对固废管理和控制力度一直在加强,并已在"十三五"时期开始着力从"打地基"向"补短板"和"精细化"管理转变,向着治理现代化的纵深阶段转变。"十四五"及未来一段时期,工业固废最终废弃量的最小化或近零将成为治理目标,工业固废的治理将会随着排污许可证工作的推进、在线监测能力的提升、数智化水平的赋能等,正式步入治理的攻坚期。这一阶段从制度到能力方面的全面提高为"十四五"及未来一段时间内工业固废以用为主的转型打下了基础、做好了准备。

"十三五"时期,我国资源化利用工作在全面推进生态文明建设的大背景下,以清洁生产、循环经济为指引,通过"无废城市"、绿色发展、清洁生产、生态设计、绿色制造、绿色公路、绿色建材和新型墙体材料、绿色环保产业、战略性新兴产业、区域产业协同发展等在不同层面、不同行业得到了推动,以重点区域流域、重点行业为切入点,开启了我国固废治理的新篇章,取得了一定的成绩。

---

[1]　2004 年,原国家经贸委会同建设部、国土资源部、农业部研究确定了在 170 个大中城市于 2003 年 6 月底前,完成住宅建设中禁止使用实心黏土砖的目标;2005 年,国家在正式全面推行"禁实"政策,并要求到 2010 年底,所有城市城区"禁实"。

"十三五"以来,围绕固废领域我国密集发布数十项政策,积极推进固废治理,连续三年开展长江经济带固废专项整治行动,推动京津冀及周边地区、长江经济带、东北老工业基地等区域的工业固废资源化利用,固废治理工作迈出了坚实步伐,也取得了显著效果。尤其自 2018 年以来,生态环境部连续三年组织开展长江经济带"清废行动",共排查长江经济带 11 省(市)、约 103 万平方千米,"基本消除了沿江、沿河违规倾倒、堆存固体废物的环境安全隐患,有效预防了长江沿线生态环境安全风险"(许元顺等,2020)。2021 年至 2022 年,我国又开启了黄河流域的"清废行动",排查范围覆盖 9 省、约 13 万平方千米,以此助力推动黄河流域高质量发展。上述政策文件的出台和行动的实施更进一步明确,在中国特色社会主义现代化建设从高速度工业化向高质量工业化转变的过程中,工业固废治理问题将会成为衡量工业高质量发展的重要内容。以此为标志,我国工业固废治理迈入了一个新阶段。

这一阶段,包括政策法律制度在内的治理体系构建提速。2016 年以来,国家层面以《环境保护税法》《环境保护税法实施条例》等为代表的固废政策法律制修定提速,地方层面表现在省市相关实施细则密集落地,固废政策法律体系趋于系统化。与此同时,《关于推进大宗固体废弃物综合利用产业集聚发展的通知》(2019)、《固体废物再生利用污染防治技术导则》(2020)、《关于促进砂石行业健康有序发展的指导意见》(2020)、《"十四五"工业绿色发展规划》(2021)、《"十四五"循环经济发展规划》(2021)、《"十四五"时期"无废城市"建设工作方案》(2021)、《一般工业固体废物管理台账制定指南(试行)》(2021)等推动和指导资源化利用固废的文件密集出台,逐步完善了资源化利用固废的政策制度体系。2018 年以来,党中央、国务院高度重视固体废物管理工作,开展了以"排污许可"一证式管理为核心的制度构建,以及资源综合利用评价制度体系建设。同时,坚持示范引领,继续深入推进试点和基地建设,积极带动资源化利用水平全面提升。但不可否认,多途径、高附加值、大规模的综合利用发展新格局仍有待技术和成本突破后的持续深化和形成。工业固废污染物标准体系已基本建立起来,但以循环经济指标体系和清洁生产指标体系为主要前期研究的工业固废资源综合利用指标体系仍未对现阶段的工业固废资源化利用工作形成强有力的支持。

在经历了长达 60 余年的治理历程后,我国工业固废治理取得了显著的成效,职能部门分工愈加清晰,管理能力、水平和效率逐步提升;政府推动的工业固废资源化利用的试点和示范工作有序开展,技术研发和设备生产等有了一定的积累;推动工业固废资源化利用的相关政策法律制度体系基本形成,工业固废资源化利用市场也初步形成,未来的发展空间已通过密集出台的政策法律法规打开。

第二节　制度变迁特点

在迈向高质量发展阶段中,法治的作用日益凸显。习近平总书记指出:"人民群众对立法的期盼,已经不是有没有,而是好不好、管不管用、能不能解决实际问题。"围绕工业固废资源化利用,我国先后出台了法律法规、规划、专项规划、专项文件百余项,在工业固废治理中发挥出了重要作用。基于上述工业固废治理历程回顾,观察到我国工业固废治理在以下方面发生了和正在发生着显著变化。

一、治理理念的变化

新中国成立后,工业固废治理理念经历了一个从资源综合利用到污染治理再向资源综合利用回归的变化发展过程。第一次全国环境工作大会上提出的 32 字指导方针[①],明确了"综合利用、变害为利"的环境保护指导思想。但随着经济社会的发展,尤其改革开放之后我国工业化和城市化进入快车道,以经济建设为中心指引下,固废治理的指导理念彻底滑向了以污染防治为目标的末端治理。彼时粉煤灰排入大江大河大湖、煤矸石露天堆放自燃等现象较为普遍,规范的无害化处置都尚未得到认真执行,而资源化利用作为工业固废治理的更高层级的目标要求仅仅是被提及,并未落在实处。以经济建设为中心的指导思想,使得企业在发展过程中更多的关注经济效益最大化,忽视了对生态环境的保护。现阶段,工业企业所处的发展环境发生了根本性变化。我国经济和综合国力在快速发展过程中得到充分提升,中国特色社会主义现代化建设迎来了一个新时期和新阶段。党的十八大之后,立足我国发展实际,以习近平为核心的党中央提出并形成了生态文明理念思想体系,经济发展"不能以牺牲生态环境为代价,生态环境保护红线不可逾越","青山绿水就是金山银山"的思想深入人心。在这样的大背景下,以"无废城市"试点提出为标志,以"零废弃"为最高指引的固废资源循环利用开启了新战略思想指引下的新发展阶段。

二、观念意识的变化

改革开放后,在以经济发展为第一要务目标指引下,地方政府以发展经济和追求 GDP 为要务,政府作为规制主体,与利税企业之间存在着共同利益,在治理污染过程中,地方保护主义现象一度较为普遍。党的十八大之后,新的生态文明理念和思想确立,党中央发展目标明确,新的发展理念形成,新的

---

①　1973 年 8 月,国务院召开第一次全国环境保护会议,审议通过了"全面规划、合理布局、综合利用、化害为利、依靠群众、大家动手、保护环境、造福人民"的环境保护工作 32 字方针。

目标和要求自上而下、压力层层传导,地方政府的生态环境保护意识开始扭转。而随着经济社会发展,全社会精神文明水平的提升,我国全社会生态环境保护意识开始觉醒,以中华环保联合会等民间环保组织为代表,现在已经发展壮大成为一股可以为生态环境发声的共治力量。同时,随着媒体开始关注环境污染事件,引发社会关注度加大,媒体和社会舆论也逐渐发挥出重要的监督作用。至此,全国从上到下、从政府到企业、从城市到乡村,新的生态环境保护理念已经全面构建并渗透到了生产生活的方方面面。由此,起源于奥斯特罗姆的多中心治理理论的多元共治新型治理模式在我国初现雏形,政府、市场主体和社会组织三类主体共同参与到公共治理之中,构建起了新型的社会治理方式,这正是我国构建现代化治理体系所追寻的(汪劲,2014)。

三、规制力度的变化

党的十八大之后,生态环境保护领域政策法律法规的规制力度显著增强。从企业方面看,违法成本加码,如征收环保税、企业无害化处置成本、违法倾倒行政处罚成本等都在不断提高,同时还对法人和主要责任人实施双罚;政府方面,环保目标要求越来越高——从行政处罚为主转向行政、刑事、民事并举,并实行了终身追责制度,强化了行政问责力度和刑事责任的威慑力。同时,部门“依法行政”的依据层级提升了,设立依据从之前的中央政府规范性文件变成了国家法律。2012 年之前,清洁生产的部门职能只在机构改革的“三定方案”和有关规范性文件中进行体现,到2012 年《清洁生产促进法》修订之后,清洁生产综合协调机制在法律中予以了明确,确立了国务院清洁生产综合协调部门这一法律主体。2018 年 9 月,生态环境部“三定方案”中设立了“中央生态环境保护督察办公室"①,代表中共中央、国务院对各省(自治区、直辖市)开展环保督察,也意味着中央环保督察正在形成一项常态化制度,为经济高质量发展保驾护航,凸显了中央对地方政府、企业生态环境问题的督察力度和决心。

四、指导原则的变化

现阶段,我国工业固废治理思想和原则正在发生重大转变。工业固废作为工业生产过程中产生的废弃物,在过去相当一段时间内被认为是没有"价值"的废物,"处置"一直是产废企业实践中经过考量和博弈后的选择。随着生态环境问题日渐突出,且工业化、城镇化进程中工业固废历史堆积量和未来新增量已经显著制约经济社会的可持续发展。随着生态文明理念和建立健全绿色低碳循环发展经济体系目标要求的提出,工业固废资源化利用是立足国情和国际形势、面向第二个百年目标做出的战略选择。基于这样的现状,要求未来我国工业固废治理原则需要做出调整和转变。上述政策目标背景之下,未来工业固废治理着眼点将不再仅仅落在"无害化"的"底线"要求之上了,而要重点转向开展全生命周期的"减量化""资源化"利用。

第三节　政策法律制度现状

一、法律体系概况

我国固废治理从 1979 年《环保法(试行)》开始,就开启了建章立制工作,并根据经济社会发展不同阶段的需要,适时出台和修订(正)相关法律法规,以满足固废治理工作有法可依的需要。固

---

① 　其前身是"国家环保督察办公室"。

废治理涉及的相关法律法规及历次修订(正)见表2-1。

表 2-1 固废治理相关法律法规及修订(正)一览表

序号	法律法规	颁布时间
1	环境保护法(试行)	1979
2	环境保护法	1989
3	粉煤灰综合利用管理办法	1994
4	固废法	1995
5	煤矸石综合利用管理办法	1998
6	清洁生产促进法	2002
7	固废法(修订)	2004
8	循环经济促进法	2008
9	刑法修正案(八)	2011
10	清洁生产促进法(修正)	2012
11	固废法(修正)	2013
12	粉煤灰综合利用管理办法(修订)	2013
13	环保法(修订)	2014
14	煤矸石综合利用管理办法(修订)	2014
15	固废法(修正)	2015
16	固废法(修正)	2016
17	循环经济促进法(修正)	2018
18	环境保护税法	2018
19	固废法(修订)	2020

资料来源:根据资料整理而得。

依固废属性不同,固废治理立法形成了两个领域,分别是固废污染防治立法和固废资源综合利用立法(见表2-2)。这两个维度上的立法要实现的目标是互为基础和支撑的关系,即污染防治是治理的底线,是开展资源综合利用的基础;资源综合利用是减少固废排放、减轻环境污染和保护环境、节约资源的治本之道。

表2-2　固废治理法律体系概览表

		环境保护法
	固废污染防治立法	固废法
		环境保护税法
固废治理领域		刑法修正案(八)
	固废资源综合利用立法	清洁生产促进法
		循环经济促进法

资料来源:根据资料整理而得。

在国家出台相关法律法规之后,各省也相继出台了地方性法规,推动法律法规在省级层面贯彻落实(见表2-3)。同时,国务院及相关部委也依据上述法律出台了固废污染防治、清洁生产、循环经济、资源综合利用等方面的行政法规及部门规章,落实和细化法律的要求。从法律层面来看,我国已经初步形成了由国家法律、行政法规、部门规章和地方法规构成的固废治理的法律法规体系。

表2-3　各省市固废立法情况表

序号	地方固废条例	通过时间
1	河北省固体废物污染环境防治条例	2015
2	山西省固体废物污染环境防治条例	2021
3	辽宁省固体废物污染环境防治办法	2001
4	江苏省固体废物污染环境防治条例	2009
5	浙江省固体废物污染环境防治条例	2006
6	安徽省实施《中华人民共和国固体废物污染环境防治法》办法	1998
7	福建省固体废物污染环境防治若干规定	2009
8	江西省环境污染防治条例	2008
9	山东省实施《中华人民共和国固体废物污染环境防治法》办法	2002

序号	地方固废条例	通过时间
10	河南省固体废物污染环境防治条例	2011
11	湖南省实施《中华人民共和国固体废物污染环境防治法》办法	2018
12	广东省固体废物污染环境防治条例	2018
13	广西壮族自治区固体废物污染环境防治条例(草案)立法调研	2019
14	海南省工业固体废物资源综合利用评价管理实施细则(暂行)	2019
15	重庆市固体废物污染环境防治条例立法调研	2020
16	四川省固体废物污染环境防治条例	2018
17	贵州省固体废物污染环境防治条例	2020
18	陕西省固体废物污染环境防治条例	2015
19	宁夏石嘴山市工业固体废物污染环境防治条例	2017

资料来源:根据资料整理而得。

二、政策体系概况

政策在政府治理过程中发挥着非常重要的作用,政策指引的一小步,或将成就产业向前发展的一大步。固废治理以规划文件为主的政策是开展固废治理的重要指引。我国第一个规制固废资源综合利用的文件即为原国家计委出台的政策文件。以此为开端和基础,随着经济社会不断发展,我国固废治理政策框架逐步构建完善起来,目前已形成了以污染防治为底线、以发展循环经济为目标指引、以清洁生产和节能减排为推手的固废治理政策体系(见表2-4,详见附表1)。从固废治理政策现状可以看出,有关固废资源化利用方面的规定系统性、协调性不足,政策分散,聚焦不够。我国固废资源综合利用方面的政策出台大致分三个阶段:第一阶段以战略和规划先行,做好了顶层设计,明确了治理目标,主要体现在《中国制造 2025》和《工业绿色发展规划(2016—

2020年)》的出台;第二阶段出台激励型规制工具,引导市场主体积极开展工业固废的资源综合利用,主要体现在对所得税和增值税的相关优惠政策和支持上;第三阶段进一步出台资源综合利用的评价办法和产品目录,使第二阶段的优惠政策能够扎实落地(周鑫和贾中帅,2019)。

表 2-4　固废治理领域政策文件发布概况表(1973—2021)

分　　类	数量(项)
资源综合利用政策	36
固废污染防治政策	14
循环经济政策	4
清洁生产政策	3
节能减排政策	7
合　　计	64

资料来源:根据资料整理而得。

三、相关制度现状

诺思认为,在真实世界里,报酬递增和不完全市场是客观普遍存在的现实,因而,制度是重要的(马广奇,2005)。在生态环境治理方面,习近平总书记提出了系统治理理念和要求。固废治理制度将会是资源节约制度和生态环境保护制度的重要内容,是我国实施最严格的生态环境保护制度中链接资源节约集约利用和生态环境保护的重要一环。尤其是在生态文明现代治理体系建设过程中,工业固废资源综合利用制度体系内嵌于现代治理体系之中,将是不可或缺的一项制度内容。

工业固废治理制度体系在不同维度有着不同的体系构成与分类,如从治理的路径和目标来看,工业固废治理制度由清洁生产制度、资源综合利用制度、污染防治制度构成;从责权利配置的视角来看,工业固废治理制度包括企业治理制度、政府治理制度、社会治理制度等。因而,它是一项系统性的治理,要求从治理对象、参与主体,以及治理的各个环节统筹考虑。只有开展系统治理才是所谓良治,因为制度之间存在嵌套,单项制度作用有限,需要与既有的其他相关制度之间形成衔接,才能发挥制度的合力。工业固废资源化利用制度应当是一个涉及全过程、全生命周期的制度体系。如图 2-1 所示,在一个项目、一个企业前期可行性研究和项目建设过程中,以及企业灭失后都应当有贯穿始终的资源综合利用内容和方案安排;而在资源综合利用阶段则会涉及企业、行业、跨区域及全社会的资源综合利用制度安排,最后的处置阶段也需要考虑暂时无法综合利用的固废处置问题。

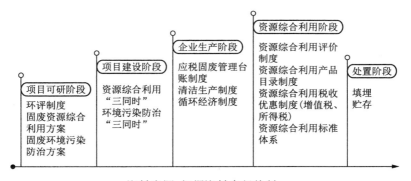

资料来源:根据资料自行绘制。

图 2-1　工业固废资源综合利用制度体系概览图

目前,我国在工业固废治理制度体系中已经建立和正在建立的制度主要包括:建设初期的环境影响评价制度和资源综合利用"三同时"制度,生产阶段的排污许可制度、固废管理台账制度、清洁生产审核制度、资源化利用阶段的税费优惠制度(见表 2-5)、跨区利用转移申报备案制度、产废单位强制责任制度、处置阶段的环境税征收制度(见表 2-6),以及环境治理信息公开制度、标准体系和产品认证等相关配套制度。这些制度在工业固废治理过程

表 2-5　工业固废资源综合利用税收优惠政策汇总表

序号	工业固体废物种类	综合利用产品名称	企业所得税优惠条件	增值税优惠条件	
				技术标准	退税比例
1	煤矸石、尾矿、冶炼渣、粉煤灰、炉渣、工业副产石膏、赤泥、废石、化工废渣	水泥、水泥熟料	无	(1) 42.5 及以上等级水泥的原料 20%以上来自所列资源；(2) 其他水泥、水泥熟料的原料 40%以上来自所列资源	70%
2	煤矸石、建筑废物	建筑砂石骨料	无	原料 90%以上来自所列资源	50%
3	煤矸石、尾矿、冶炼渣、粉煤灰、炉渣、工业副产石膏、赤泥、废石、化工废渣	砖瓦、砌块、陶粒制品、板材、管材(管桩)、道路井盖、道路护栏、防火材料、耐火材料(镁铬砖除外)、保温材料、矿(岩)棉、微晶玻璃	原料 70%以上来自所列固废	原料 70%以上来自所列资源	70%
4	煤矸石、煤泥、石煤、油母页岩	电力、热力	无	燃料 60%以上来自所列资源	50%

（续表）

序号	工业固体废物种类	综合利用产品名称	企业所得税优惠条件	增值税优惠条件	
				技术标准	退税比例
5	煤矸石	煅烧高岭土	无	原料中煤矸石所占比重90%以上	50%
6	煤矸石	瓷绝缘子	无	原料中煤矸石所占比重30%以上	50%
7	冶炼渣、赤泥、电石渣	烧结熔剂、烟气脱硫剂	无	原料90%以上来自所列资源	50%
8	粉煤灰、煤矸石	氧化铝	无	原料25%以上来自所列资源	50%
9	粉煤灰、赤泥	氧化铁	无	原料90%以上来自所列资源	50%
10	废旧沥青混凝土	再生沥青混凝土	无	原料30%以上来自所列资源	50%

资料来源：根据资料整理而得。

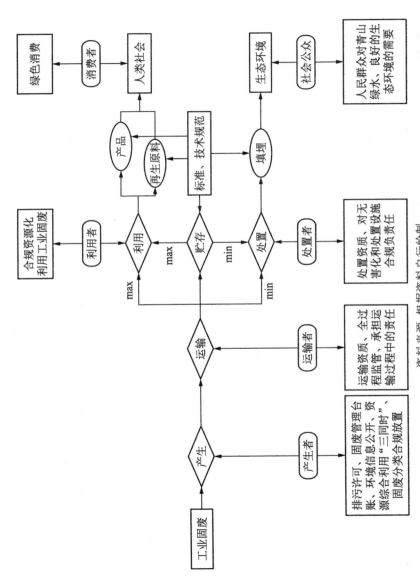

图 2-2　工业固废分阶段主体责任义务分解示意图

资料来源：根据资料自行绘制。

表 2-6 应税工业固废环保税税额表(2016)

税 目	计税单位	税 额
煤矸石	每吨	5 元
尾矿	每吨	15 元
冶炼渣、粉煤灰、炉渣、其他固废	每吨	25 元

资料来源:根据资料整理而得。

中发挥着重要和积极的作用,是开展工作的坚实基础。

第四节 工业固废资源化利用规制困境

工业固废在我国固废年产量中占比很高,是治理的难点。早在 20 世纪 50 年代,中央政府和相关职能部门就已开始探索煤矸石、粉煤灰等大宗工业固废的资源化利用,并陆续出台了治理政策文件、规划方案、法律法规等,工业固废治理的制度建设也从那时起就开始了。但长期以来,资源化利用工业固废的工作一直推动较慢,成效也未见显著,存在以下规制困局亟待破解。

一、治理重心偏颇,责权利配置失当

当前的立法,充分强调了政府在环境污染方面的管控和监督职责,对于企业主体责权利的明晰仍存在不足,尤其产废企业和利废企业,以及社会组织和公众在资源综合利用方面的责任、权利、义务等都需要进一步明晰,有以下三个方面的表现:

一是产废主体资源综合利用责任虚置。产废企业是落实生态环境保护责任的主体,更是资源综合利用的责任主体。责权利配置不明晰,配置重点不突出,导致主体在参与治理过程中无法得到可以显著影响决策的博弈规则的引导,无效或低效的责权利配置,影响着工业固废资源化利用取得实效。过去以"废渣"为抓手的固废污染防治工作通过建章立制,从提出指导原则到逐渐形成较为系统和完善的制度体系,取得了长足发展,但却走向了"以罚代管"、以填埋为主要处置方式的治理路径,导致这一时期产废主体重视污染防治责任,漠视资源综合利用责任和义务。

二是利废主体正外部性行为得不到补偿。资源化利用工业固废是把"污染物"转化为"资源"加以利用,会产生相应的生态效益和经济效益。因而,需从政策和法律层面制定相应的补偿机制,推进治理向着"资源化"利用方向转变。依"谁污染谁治理"原则,企业需要在污染治理方面投入成本,如果在污染担责之前,设定有承担固废"资源化利用"之责,则污染治理成本可以转化为资源综合利用成本,在产生生态环境收益的同时(如不再占用土地,不会产生大气、地下水等方面的污染治理成本等),还能通过资源化利用产生再生原料及产品,替代一定量的天然原料,再次进入社会循环,产生经济价值。但目前有关工业固废资源化利用参与主体的责权利分配有待进一步考量和明晰,尤其是在产生生态环境正外部性的经济补偿方面,制度和机制设立存在不足,在一定程度上阻碍了资源综合利用市场化进程的推进。

三是共治主体责权利关系有待调整。在社会治理方面,现代化的治理需要倡导多元共治,是全社会共同参与、协调并相互配合的过程。而过去相当一段时期以来,工业固废治理领域一直以政府管控为主,这种对企业自"上"而"下"的单向管控模式下,责权利配置无法满足现阶段现代化治理体系多元共治的要求。这种转变也亟须在政策和立法中予以体现,要充分考虑除企业之外的政府、社会公众及社会组织的责权利分配,明晰权利、义务、责任,为市场化解决资源综合利用问题提供前提和基础。

二、制度供给失衡,治理效率低下

目前,我国固废治理制度体系建设处在一个重心从固废污染防治制度体系向固废资源综合利用制度体系移转的时期。从产业发展起步到产业链逐渐完善是一个渐进过程,当产业发展经由政策法律机制的建立步入良好的自我推进和运行轨道后,就可以推动实现产业发展向着稳态前进。而在实现稳态之前,产业发展过程中,政策、法律和制度都将处在一个不断与实践交互调整的状态,都在为推动产业更好的发展而不断总结经验和创新。我国工业固废治理经历了 50 年左右的摸索和发展,到现在虽然已经初步建立起了固废污染防治的底线和固废资源综合利用的循环线,但仍在制度供给方面存在失衡问题。

1. 政策法律层面

一是末端治理理念仍占主流。《固废法》(2020)作为我国污染防治的基本法,并没有从工业固废资源化利用的视角,对工业固体废物开展全生命周期资源化利用视角的规制。针对固废的处理处置也特别强调国家的监督和管控,而对企业、行业在固废资源综合利用的责任、义务方面的规定较少,尤其是以标准为核心的技术性规范欠缺。2002 年的《清洁生产促进法》为从源头规制工业固废提供了法律依据,2008 年的《循环经济促进法》则对工业固废减量化、资源化利用和无害化处置做出了战略层面的规定。与此同时,部门规章、地方性法律法规以及技术规范标准等,与上述法律一道架构出了我国工业固废治理的法律法规体系,基本确立了我国工业固废治理的法律框架。但这些法律法规及其他规范的规定大多宏观笼统,操作性不强,使得我国工业固废法律规制体系没有能够发挥出实效,导致工业固废资源综合利用工作推进缓慢,违法现象长期广泛存在(陈聪慧,2001)。

二是命令控制型治理思路着力偏颇。社会稳定是发展经济的基础,而社会稳定需要稳定的社会结构和稳定的社会秩序,命令控制型立法在改革开放初期,从成本角度来看,可以以较低的治理成本赋予政府发展经济所需要的社会稳定机制,在不破坏市场经济自身调节作用的前提下,以法律法规的形式保障经济快速发展,因而,命令控制型立法也一直占据着较大比重(胡捷,2020)。但是随着我国物质文明、精神文明和生态文明发展水平的不断提升,经济社会发展越来越多元化,社会需求也越来越多元化,这就要求创新立法,以满足社会需求。所以,非常显著的是《环保法》《固废法》为命令控制型立法,而《清洁生产促进法》《循环经济促进法》为典型的促进型立法。与《环保法》和《固废法》这类管控型的"硬法"相比而言,在立法意图和起意层面就已经使得促进型法律偏向了"软法"。当然,污染防治作为末端的防御和保障底线,必须有强有力的保护,需在法治层面筑牢红色底线,确保人民享有获得蓝天、碧水、净土的权利。但资源化利用才是治本之策,微观层面企业的清洁生产、中观和宏观层面的产业和全社会的循环经济才是从本源上最大限度减少污染的现实路径。在人与自然关系已经上升到文明的高度后,资源综合利用方面的立法理念也应当革新和转变,在资源综合利用领域立法应当从促进型立法向命令控制型立法转变,适应确保高质量发展的立法要求。

三是政策缺乏刚性和针对性。长期以来,工业固废减量化、资源化和无害化制度设计及实施过程刚性不足。与污染防治"三同时"制度同期提出的资源综合利用"三同时"制度,要求产废企业针对产出固废开展综合利用,变害为利,保护环境,但实际执行多落空。在生态文明建设全面推进和深化的要求下,在追求高质量发展的过程中,曾经对固废资源化利用预留的政策迂回空间已经与现实要求严重不符,亟待重新检视。工业固废虽然在发展循环经济过程中一定程度上得到了有效利用,但却没有在总量减排考核体系中体现出相应的约束性要求,没有充分体现出绿色发展的刚性要求。而政策的灵活性和针对性特点也没有得到充分施展。工业固废问题具有显著地域性,尤以资源型地区和非资源型地区间差别大,需在宏观立法基础上加强具有针对性的政策措施的运用。一方面,囿于工业固废资源化利用涉及的部门行业较多,政策有效衔接不足;另一方面,各地地方性政策及措施针对性不强,无法发挥政策引导和推进工业固废资源化利用的积极作用。

四是标准体系不健全。有关固废污染防治的标准随着治污能力提升已经形成了完备的标准体系,在污染防治方面发挥了重要的基础性作用。但目前在工业固废资源化利用标准体系方面存在诸多阻碍产业发展的桎梏,亟待改变。从清洁生产、循环经济、节能减排、绿色工业等从不同维度、层次和视角切入的管理考核,造成工业固废资源化利用领域没有能够形成协调统一、方向一致的合力,标准在促进资源综合利用方面的缺失,无法支撑资源综合利用产业及市场化发展需求。《"无废城市"建设试点工作方案》中也提出了要以尾矿、煤矸石、粉煤灰、冶炼渣、工业副产石膏等大宗工业固废为重点,完善综合利用标准体系,分类别制定产品技术标准。

2. 制度体系层面

一是评价体系不健全。改革开放后,我国工业固废治理倾向于污染末端治理,资源综合利用方面的顶层设计思想指引出现了分化,呈现出污染防治方面的硬约束较多,资源化利用方面不仅没有硬约束,还缺乏足够的激励引导。目前,我国在固废治理方面更多的着力点放在了污染防治和无害化处置(填埋)上,本质上来说这都只是着力在末端治理上。固废治理顶层设计着眼点必须首先是源头的减量化,然后是扩大再利用后的过程减量化,最后是总量减少的无害化处置。而这些方面,工业固废资源化利用都缺乏有效的评价指标及制度体系。到"十三五"末,我国污染物排放总量控制制度还仅局限于对大气和水污染物减排的总量控制。工业企业作为工业固废污染物排放主体,基于企业、行业、区域的工业固废减排尚未纳入总量控制范围。2017 年,国家发改委印发了《循环经济发展评价指标体系(2017 年版)》,综合指标设置了"主要废弃物循环利用率",专项指标中针对一般工业固废设置了"一般工业固体废物综合利用率",参考指标中设置了"工业固体废物处置量"。但这套评价指标体系面对的是国家和省域两个层面,且农业、工业、城市生产生活等都包括在内,所以表达不了工业固废的资源综合利用情况。

二是监督着力不足。随着生态文明建设不断推进,污染防治压力自上而下层层传导,在中央生态环境督查常态化后,各级地方政府在固废污染方面的监管基本到位。但工业固废资源综合利用方面因缺乏硬约束,最应着力监督的资源化利用工作没能得到足够重视。我们切身感受到环境污染防治工作在硬约束加持后,强有力的约束与监督,自上而下和自下而上共同推动的大气、水污染的治理取得了显著成效,但资源综合利用方面的监督与硬约束相对乏力。以 2018 年 5 月国家工信部出台《工业固体废物资源综合利用评价管理暂行办法》及《国家工业固体废物资源综合利用产品目录》为例,当时文件要求省级工信主管部门负责监督管理相关评价工作,并配套出台实施细则。可截至 2020 年,仍有部分省配套文件没出台,企业则因无法被评价和认定,无法申请享受税费减免等优惠政策。另有资源综合利用"三同时"制度的贯彻落实也存在着长期监督乏力问题,使得该项制度成为仅停留在纸面上的制度。

三是市场机制不健全。现阶段工业固废资源综合利用的交易成本很高,需要通过立法、完善政策体系与标准体系,加强监管,提高信息化程度等方面综合配套,由此降低交易成本,形成市场化解决问题的机制,推动资源化利用工业固废工作不断向前。现有的政策环境,无论是税收优惠政策,还是奖励政策,抑或市场对于资源综合利用产品的认可接受程度,都没有形成市场化解决固废资源综合利用问题的推动力。

三、治理能力不足，组织协调不到位

治理能力不足意味着政府在治理过程中提供公共服务或者公共物品的能力不足，一方面表现在监管能力不足，另一方面表现在服务能力不足。

1.体制机制方面

一是多头治理，牵头单位组织协调能力不足。目前来看，在工业固废管理中，发改部门负责宏观政策的设计、项目投资、组织协调清洁生产和循环经济等工作；生态环境部门负责排污许可证、固废台账登记管理和污染防治监管等工作；工信部门负责资源综合利用和减排工作；农业部门负责农业源固废污染治理工作；城市住建部门负责绿色建材管理；税务部门征收环境保护税；交通部门负责筑路方面的工业固废资源综合利用等。工业固废资源综合利用是一个涉及多部门、多领域，跨行业、跨区域的系统工程，各项工作分散在各个部门，统筹协调一直以来是梗在工业固废资源化利用工作中的堵点。

二是部门之间沟通协调不畅。工业固废治理是一个系统的社会性问题，从生产到消费，需要统一组织、各部门协调。目前看来，就工业固废资源综合利用是一项复杂的系统工程已经成为共识，但在沟通协作机制建立方面还存在不足，跨部门、跨行业、跨区域的沟通协作机制没有建立起来，成为阻碍工业固废资源综合利用的壁垒，分而治之导致大宗固废资源化利用问题无法打破部门藩篱，形成大一统的利用格局。缺乏推进固废综合利用长效机制、政策变动频繁也使得企业主体责任落实不到位，资源化利用动力不足，政府、企业、社会公众与组织等之间无法形成良性合力，阻碍政策、资金、技术等方面联动。如工信部门负责的资源综合利用评价制度在各省推进落实进度不一，资源综合利用评价没有相关认定报告，企业就无法据此向税务部门申请税收优惠，司

法机关执法过程中也缺乏评判依据。

　　2. 治理能力方面

　　一是基础数据统计及监测支撑能力不足。工业固废产生及分布情况与产业结构密切相关,早在 2012 年,国务院出台的《关于大力推进信息化发展和切实保障信息安全的若干意见》中就提出要建立健全固体废弃物综合利用信息管理系统。到目前为止,我国与固废相关的统计系统依然分散,统计数据偏重宏观,偏重于了解各地工业固废产生量、利用处置率等数据,在实用性方面忽视对各行业、各区域不同固废产生特点及成因调查等的研究。数据共享及分析平台的缺失,导致综合利用存在同质化倾向严重、产品附加值低、服务半径小、经济性差等问题,难以实现技术精准对接、分类分级梯级利用等,无法突破现有利用瓶颈。而对于固废监测方面的能力建设也较为薄弱,尚未对监管工作形成有力支撑。

　　二是平台建设支撑能力不足。工业固废由于种类多、成分复杂,在综合利用方面存在诸多要求和限制,需要产废企业作为责任主体,对固废成分信息等予以公开,以平台为支撑,降低信息公开和获取的成本,这样方能切实推动资源综合利用工作向前。但目前看来,平台建设存在不足,作为重要的支撑能力,工业固废信息的发布、管理和市场化对接都存在信息不对称、获取困难等制度障碍。这也是造成我国过去工业化、城市化进程中资源化利用工业固废效果不显著的重要原因之一。

　　三是工业固废分类分级分质相关制度缺失。工业固废资源化利用效率及水平与分类分级分质执行情况相关联。以粉煤灰为例,分级分类做得较好,其资源综合利用水平也相对较高。工业固废资源综合利用相当程度上有赖于分类分级分质的前置工作要到位,一方面能够降低后续综合利用的成本,另一方面能够为后续的综合利用提供更多的空间和选择的可能。但总体看,工

业固废分类分级分质基础工作和系统化生态设计严重不足,工业
固废污染物属性根深蒂固,阻碍了分类分级分质利用推动。

本 章 小 结

我国固废治理久已有之,并已构建起了《固废法》《清洁生产
促进法》《循环经济促进法》为核心的固废治理法律体系,以环保
规划、资源综合利用规划、循环经济规划等为主的规划体系,以资
源综合利用"三同时"、污染者付费、生产者责任延伸、清洁生产、
资源综合利用评价制度和税收优惠制度等为主的制度体系,以及
种类多样、覆盖面广、运用灵活的政策工具体系。但不可否认,我
国工业固废资源化利用在规制规则的有效性和规制效率方面都
存在着困局,亟待破解。

第三章

工业固废资源化利用规制规则博弈分析

我国促进工业固废资源化利用的政策法规及相关研究自20世纪50年代开始到现在已有近70年的历程,但资源化利用整体成效不显著,工业固废作为"资源"的属性和作用没有得到彰显,尤其资源型地区工业固废利用更是面临着巨大压力和挑战。相关利益主体之间的博弈及策略选择随着中央执政理念、政策和法律法规的变化调整,也发生着适应性变化,但尚未形成积极有效的博弈,需要进一步通过政策的完善和机制的设置,调整各相关利益主体之间的责权利关系(王红珍,2018)。目前,运用博弈论分析污染治理的研究较多,但从资源利用角度审视产废主体、利废主体和政府间关系及博弈的研究鲜见。本章对博弈主体责权利安排情况进行梳理,通过企业从非合作博弈到合作博弈关系的转变,分析责权利调整思路,以期为制定有效的博弈规则提供有益的分析结果。

第一节 方 法 适 用

博弈论是"研究决策主体的行为发生直接相互作用时候的决策以及这种决策的均衡问题的,又称对策论"(张维迎,1996)。具有竞争性或者对抗性主体之间存在着不同的目标和利益诉求,为达成各自目标、实现自身利益,就必须考虑对方行动的各种可能性,并由此选择对自己最为有利或最合理的应对方案,这个过程就是博弈。博弈论重视经济主体之间的相互联系,拓宽了传统经济学的分析思路,而法律则规定了行为主体之间的相互关系,因而,政策法律可视为正式颁行的博弈规则。正如青木昌彦(2017)提出的"博弈内生规则"理论认为的,"制度既是博弈规则,也是博弈均衡",亦可理解为"制度既是博弈规则,也是博弈结果"。博弈各方如果能够遵循既定或已有的规则或制度,将产生良性博弈效果,还会不断完善前述规则与制度;如果参与人稳定的行动选择模式与这些规则不一致,那它们就不能被当作一种制度(柯华庆,2010),某种情况下还可能成为一种"潜规则",成为纸面制度之外的、实际发挥作用的博弈规则(冯玉军,2013)。因而,对工业固废资源化利用过程的博弈及演进进行分析,也是对规则有效性的一种检视。在工业固废资源化利用过程中,市场主体能否自觉开展和推动工业固废资源化利用实际上反映了政策法律制度作为一种博弈规则,能否有效规制和引导主体的行为与决策,并最终达成既定目标任务。如果已出台的政策法律及制度并不是制定的良好的博弈规则,就不能使涉及的各方主体自觉地向着预设目标方向前行,这个不能自洽的"规则"就无法形成自主推动治理的有效机制。

我国经济社会发展步入新时代之前,工业固废治理突出"污染物"属性,以环境污染治理为重点,末端治理色彩浓重,是以增加责任主体的污染治理责任进而提高治理成本为导向的。经济社会发展由高速度转向高质量发展阶段后,生态文明、青山绿水思想深入人心,"发展"的内涵得以拓展,生态红线的划定更是将工业固废的"资源"属性凸显了出来。在此背景下,工业固废治理开启了从末端治理向资源化利用方向的转变。因此,需要在参与主体目标诉求发生改变、博弈规则也发生变化的情况下,通过博弈分析工业固废规制目标实现的可能性。从某种意义上来讲,政策过程并非始于独立的政策制定者清楚表达了一个新的政策,或者始于在空白纸张上记录下来,而是这只是持续博弈的一部分,且在这个博弈过程中,有固定的参与者确认和回应政策法律问题。所以,政策法律是一种社会变量,不是科学的绝对论,它是渐进的,而非绝对的。我国工业固废治理效果不理想,表明现阶段的博弈规则在推动市场化方式解决问题方面有效性不足。

政策法律及其构建的制度是各方主体进行博弈所遵循的规则,是主体之间相互关系的纽带,其中关乎各个主体的责权利安排则直接影响主体的决策和行为选择。所谓主体之间的"关系"更为具体的是落在责权利安排上,这就需要对主体之间的责权利配置进行进一步的梳理和研究。工业固废治理涉及多方利益主体,主体之间责权利安排影响和推动规制的博弈过程。正如原国家经委经济综合局局长鲁兵认为的,我们在坚持资源综合利用"三同时"制度的同时,要"处理好排与用双方主体的关系"。这从一个侧面表明,当时管理部门已经意识到产废主体和利废主体之间的关系是影响工业固废资源综合利用的一个主要问题。工业固废资源化利用过程涉及各种利益相关方,包括地方政府、产废企业、利废企业。现有政策及法律法规的规定为企业策略选择提供了决策依循,政策目标任务的达成和法律法规的规定会引致政府、企业做出不同的策略选择,而三方的博弈关系亦会导致不同的固废治理效果。因此,本章选用博弈论方法研究影响各主体决策的主要因素,对工业固废治理过程中利益主体之间的非合作博弈和合作博弈情境下的决策过程进行分析,为破解困局提出决策建议。

第二节　博弈主体责权利安排分析

张五常认为,科斯定理最恰如其分的表述应该是其在 1959 年发表的《联邦传播委员》中的一句话,即"权利有清楚的界定是市场交易的先决条件"(张五常,2019)。作为我国构建绿色低碳循环发展经济体系中的重要内容,工业固废资源化利用没有能够通过市场化路径得以推进,依科斯定理分析认为,原因在于治理过程中的各类主体行为决策所依据的政策法律等规则制度对产废企业、利废企业就工业固废资源化利用的责权利配置不明晰,阻碍了市场交易的开展。

一、地方党政部门

不同的发展内涵和发展阶段,地方政府的目标设定不同,进而导致决策的不同。改革开放后的一段时期,在以经济增长为单一向度的发展目标指引下,地方政府在工业固废资源化利用方面倾向于选择监管上的不作为或少作为。因为,严格监管会使辖区内的产废企业生产成本增加、利润降低,进而导致产业移转到区域外,使利税降低,从整体上影响地方政府财政收入水平。同时,在治理路径选择污染防治后,曾经一度在污染防治过程中出现"以罚代管"的"罚款经济"现象,甚至于设定罚款任务和指标,这就让更多市场主体在过去相当一段时期内认为交了罚款似乎就有了违规违法的"通行证"。

党的十八大之后,生态环境与经济发展之间的关系在中央决策层达成共识,生态文明建设在我国自上而下全面推开,"青山绿水就是金山银山""宁要青山绿水、不要金山银山"的观念也逐渐自下而上得到了认同。发展的内涵不再表征为单一向度的经济增长,良好的生态环境成为高质量发展的重要内容。在党中央、国务院制定的全面推进生态文明建设、实现高质量发展的目标要求下,在"党政同责、一岗双责"的要求下,地方党委政府和职能部门在工业固废治理中为达成治理目标而享有了治理权力,肩负起了相应的公共治理责任。宏观目标发生转变后,地方政府从社会公众利益出发,考虑生态环境因素,追求社会整体福利水平最大化,着力监督执行环境保护、循环经济、促进资源综合利用等方面的法规政策,对违反政策法律的企业严格追责和处罚,以推动工业固废的无害化、资源化利用,有效保护生态环境、缓解资源瓶颈。实现治理目标任务、履职尽责是地方党委、政府开展治理的主要动力。

1. 责任安排

固废产生利用处置均具有显著地域性。因而,工业固废治理属地监管责任归地方政府,这样才能切实将中央政府对资源节约和生态环境保护治理目标要求落到实处。而夯实生态文明建设和生态环境保护也已经上升到了政治责任的高度。在生态文明理念确立之前,地方政府在工业固废资源化利用方面的管理和监督是弱化和缺位的,以至于资源综合利用"三同时"制度形同虚设。党的十八大以来,我国生态文明建设进入了快车道。2015年,《党政领导干部生态环境损害责任追究办法(试行)》要求生态环境保护"党委和政府主要领导成员承担主要责任"。自此,生态环境保护的"党政同责、一岗双责"制度提出并落地,深刻影响着我国地方政府的执政履职。地方党委要从政治、经济、民生的角度,全方位看待环境问题,切实负起领导和决策的责任;地方政府则需要肩负起本区域生态环境公共治理责任,尤其是在市场经济体制发挥资源配置主导作用的社会条件下,将管理视阈从过去集中在经济管理、社会政策领域扩展到生态环境公共管理领域。

依据我国《固废法》第 7 条规定,地方各级人民政府对本行政区域固体废物污染环境防治负责。与之相配套的是我国在污染防治方面已经构建起的一套相对成熟和完善的监测能力支撑体系,降低了治理成本,提高了治理效率。但对于工业固废的资源化利用方面,却缺乏较为细致的可量化、可监测的考核指标体系和监管手段,用于夯实责任支撑体系。这使得政府在资源化利用工业固废方面缺失了有力的监管抓手,增加了监管成本,降低了治理效率。"十三五"及"十四五"开局之初,我国密集出台了有关推进工业固废资源化利用的政策性文件,明确了未来国家层面在工业固废资源化利用方面的规制将愈加趋严。展望未来,我国将迎来的高质量发展阶段,工业固废资源化利用会成为重要抓手,通过强化工业固废资源化利用减少污染和环境影响,同时缓解天然资源紧缺的瓶颈。这意味着"十四五"及未来一段时期内,在工业固废资源综合利用领域,随着治理体系的完善和治理能力的提升,以及在中央环保督察例行督察、专项督察和"回头看"等工作的常态化形势下,地方党政部门将会肩负起更为明晰和具体的责任。

2. 利益安排

地方政府在实现工业固废资源化利用目标任务后的收益主要体现在:一是实现和达成国家层面的治理目标,完成相应的考核目标;二是可以减少本区域的工业固废排放,节约土地资源,缓解城市发展的土地资源瓶颈;三是替代部分天然资源开发利用,切实保护"青山绿水",改善地域生态环境质量,取得生态效益。此外,由于履职尽责,亦可降低中央环保督察带来的督政风险,并可以体现出生态文明建设取得的成绩。综合来看,地方政府通过在工业固废治理过程中的履职尽责可实现地区经济、社会、生态环境效益。

二、产废企业

2017 年,党的十九大报告中明确提出,要"构建政府为主导、企业为主体、社会组织和公众共同参与的环境治理体系",以此重申企业在环境保护工作中的主体责任。环境保护是目标,在固废治理过程中,末端治理将会成为过去,未来将迎来提高资源综合利用效率、提高资源配置水平的工业固废资源化利用的新时代。产废企业是工业固废资源化利用中应予以重点关注的核心主体。产废企业在非合作的个体行为理性支配下,为了自身发展的短期利益,在政府不作为或少作为的情形下,会设法逃避政府监督和检查,减少企业治理投入,不按规范要求进行利用和处置,甚至违法倾倒工业固废。违法倾倒是产废企业不依法合规处置工业固废的一种典型方式,本书也以此为例进行博弈演绎,以期说明问题。当政府加强监管后,产废企业会加大工业固废治理投入,企业生产经营成本提高。由于过去以及现阶段的法律中并没有强制要求产废企业开展工业固废资源化利用,产废企业会考虑无害化处置成本和资源化利用成本的高低,并做出决策。

1. 产废企业责任

在污染治理阶段,依据"谁污染,谁治理"原则,企业作为污染责任主体,必须承担起环境污染防治的主体责任。当生态文明建设全面推开以后,在十九届五中全会提出的新的目标和路径后,产废企业作为责任主体,在保护环境方面不仅应当承担起固废污染责任,也应同时承担固废的资源综合利用责任。这是生态文明题中之义,是可持续发展的内在要求,也是实现生态环境根本好转的必然选择。为了严格落实产废企业的主体责任,在产废企业无法自行利用工业固废而将其转由第三方企业后,要求产废企业承担强制责任,即对产废企业要委托他人处置工业固废的,应对受托方进行审查,否则将承担连带责任(罗庆明等,2020)。具体情况包括:产废单位委托他人运输、利用、处置固废的,应当对受托方的主体资格和技术能力进行核实,依法签订书面合同,在合同中约定污染防治要求,受托方也需将运输、利用、处置情况告知委托方。

产废企业对其生产经营过程中产生的固废,是选择继续坚持无害化处置的污染治理,还是选择资源化利用,这一转变在现阶段很大程度上取决于政府规制的目标要求。新《固废法》第4条提出:"任何单位和个人都应当采取措施,减少固体废物的产生量,促进固体废物的综合利用,降低固体废物的危害性。"《循环经济促进法》第 30 条规定,企业作为责任主体应当对其生产过程中产生的粉煤灰、煤矸石、尾矿、废石、废料、废气等工业废物进行综合利用。法律要求产废企业应当承担开展工业固废资源综合利用的责任和义务。

实际上,我国早就提出了资源综合利用"三同时"制度,要求产废企业针对产出的固废开展综合利用,变害为利,保护环境。但限于过去社会经济和技术水平,也为产废企业资源综合利用留下了可缓和的空间,即企业事业单位应当根据经济、技术条件对其产生的工业固体废物加以利用;对暂时不利用或者不能利用的,必须按照国务院环境保护行政主管部门的规定建设贮存设施、场所,安全分类存放,或者采取无害化处置措施。这就为产废企业开展资源综合利用开了一道政策的口子,相当于又把产废企业推向了污染防治和无害化处置道路。因此,在这样的政策法律制度环境下,在我国工业化和城镇化未来依然有待推进过程中,产废企业倾向于低成本的违法倾倒、无害化处置后的贮存或填埋。从企业的角度来讲,通过图 3-1 中的"成本 1"即可一劳永逸地解决自身固废问题。

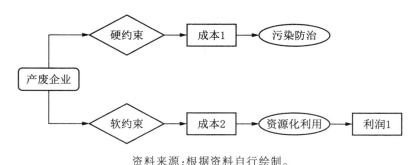

资料来源:根据资料自行绘制。

图 3-1　产废企业决策示意图

但正如前文所述,在我国开始全面推进生态文明建设之后,固废环境污染问题已经不是一个单纯的污染防治问题了,要想彻底解决固废问题,需从资源化利用的角度,加大利用水平和质量,从根本上、全生命周期上实现固废减量化和资源化方是治本之策。从未来固废治理的目标和趋势来看,产废企业在资源综合利用方面面临的"软约束"将会向"硬约束"转变,产废企业面对减量化和资源利用率提高的"硬约束",会转向资源综合利用的道路。

目前,结合前述有关工业固废治理的政策法律和制度体系来看,已有的政策法律对于产废企业决策来说,存在阻碍产废企业积极主动进行固废资源综合利用的障碍。从图3-1可看出,产废企业在选择污染防治之路还是固废资源综合利用之路的决策过程中,政策法律约束强度是企业进行决策的非常重要的影响因素,具体表现为:一是作为污染物的工业固废,企业基于已经存在的约束性考核指标体系,以及与之配套的相对完善的监测监督检查体系,依政府监管要求,开展污染防治工作,主动或被动地投入相应污染治理"成本1"。基于污染防治的目标要求,企业进行投入是必需的选择;如果不开展相应的污染防治工作,就会面临违法违规行为和污染结果带来的处罚风险。二是工业固废作为资源,目前的政策法律以鼓励和促进为主,是一个可以选择为或不为的或然状态。所以,当资源综合利用的投入"成本2"与之后资源综合利用产生的"利润1"之间没有足够大的利润空间,就不会产生充分的吸引力引导产废企业选择资源综合利用的路径。当然,这中间包括国家在资源综合利用方面给予的税收优惠政策和补贴奖励。

2.产废企业收益

产废企业在资源综合利用方面能够获取的收益包括:一是国家出台的有关资源综合利用的税收优惠政策和各种奖励;二是利用工业固废作为原料加工或生产资源综合利用产品及再生原料,销售产生的经济价值;三是替代天然砂石骨料等资源,减少自然资源开采,减少污染物排放,保护生态环境产生的生态环境效益。此外,产废企业开展工业固废资源综合利用也能够获得正向宣传,为企业赢得良好的社会美誉度和影响力。

三、利废企业

利废企业作为理性人,以追求利益最大化为目标。在过去相当一段时间里,所谓利废企业并非真正意义上的利废企业,而是产废企业寻找的转移责任的第三方,是产废企业的治污"工具",或者说是固废处置"代理人"。利废企业以"弱、小、散、乱"居多,处理能力及资质不足,多是以利用为名行贮存、堆存、违法倾倒之实。利废企业在是否利用工业固废以及利用多少的决策中,可以选择多利用或少利用工业固废的资源化生产。影响利废企业乃至利废行业的重要因素是,在资源化利用工业固废过程中,对生态环境的正外部性能否得到充分补偿。现阶段由于对该正外部性尚无市场化补偿机制,企业利废生产产生的正环境效益不能得到补偿,导致利废企业生产成本较高。同一时期,两类主体共存于市场中,开展资源综合利用的企业会因生产成本及后续的产品销售问题等遭遇市场竞争的"劣币驱逐良币"。所以,在过去尽管有关政策法律中提倡和鼓励产废企业开展资源综合利用,但普遍存在开展资源综合利用的产废企业生产成本高于不开展综合利用的产废企业,最后出现开展资源综合利用的企业普遍亏损的局面。这也是长久以来利废产业未能实现可持续健康发展的主要原因。未来在推进绿色低碳循环可持续发展过程中,利废企业随着环保和资源综合利用产业发展加速与壮大,会成为其中不可或缺的一环。这就也对利废企业的规模、技术水平等提出了新的要求,需要利废企业深耕技术和产品,做好准备等待政策红利的到来。

1. 利废企业责任

新《固废法》第37条明确了产废单位与开展资源综合利用的

利废单位之间的关系,即在产废企业委托利废企业过程中,应当尽到而没有尽到对受托方主体资格和技术能力进行核实、依法签订书面合同约定污染防治要求的,将对受托方造成的环境污染和生态破坏后果承担连带责任。受托方也即利废企业应当按照合同约定及时将工业固废利用和处置情况告知产废单位。如果双方未遵守该项规定,除了要对造成的环境污染和生态破坏后果承担连带赔偿责任外,还会给予工业固废的产生者和受委托人 1 万至 10 万元不等的罚款。通过新《固废法》的该条规定,产废单位与利废单位之间通过产废方尽责审核和双方签订书面合同,明确划分了各自责任。同时,工业固废的所有权也由该条规定明确了权属和责任移转的要件。

2. 利废企业收益

利废企业的收益来源于以下三个方面:一是产废企业让渡的部分费用。作为产废企业,如果同时也是固废资源综合利用的主体,则会产生相应的成本费用(见图 3-1 中的"成本 2")。当其选择将固废资源综合利用权利让渡给利废企业,则与之相对应的成本费用应当作为一种补偿或对价支付给利废企业。在实践中,这部分费用通常被称为"处置费用"。二是利废企业开展资源综合利用所获得的税收优惠和奖励。三是利废企业利用工业固废作为原料,一方面拉低生产成本,另一方面资源综合利用加工生产的原料及产品销售后会产生利润。目前主要问题集中在"处置费用"上。这部分费用并没有被予以确定,更多的是"随行就市",没有稳定的确认机制。深究该问题,其背后是产废企业与第三方利废企业之间没有建立起明确合理的责任成本分担机制。机制缺乏使得不开展资源综合利用的产废主体在寻找第三方利废企业代为承担资源综合利用责任和义务后,无法确保产废企业向利废企业支付相应费用。

在实际工业固废治理过程中,博弈是在上述三类主体之间开展的。博弈的局中人都是风险中性的,三方利益主体在不同价值追求和目标指引下,根据既定的博弈规则引致的成本收益情况来决定各自的策略选择。

四、中央及社会公众

党中央、国务院及其职能部门和社会公众在工业固废治理过程中属于提出治理目标、营造社会氛围并开展监督的两种重要的力量。因此,在此仅阐述中央政府和社会公众所发挥的作用,但实际博弈分析中不将其作为局中人考虑。

1. 党中央、国务院及职能部门

中央政府贯彻党中央的路线方针政策,提出生态文明建设的目标任务,出台宏观政策法律和制度安排,引导地方开展生态文明建设。党的十九届四中全会和五中全会相关决定和建议中,针对生态文明提出了要实行最严格的生态环境保护制度、全面建立资源高效利用制度、健全生态保护和修复制度、严明生态环境保护责任制度,并对"十四五"时期生态文明建设提出实现新进步的要求,具体包括"国土空间开发保护格局得到优化,生产生活方式绿色转型成效显著,能源资源配置更加合理、利用效率大幅提高,主要污染物排放总量持续减少,生态环境持续改善,生态安全屏障更加牢固,城乡人居环境明显改善"。2035 年的远景目标则是,"广泛形成绿色生产生活方式,碳排放达峰后稳中有降,生态环境根本好转,美丽中国建设目标基本实现"。作为中央战略决策保障的重要制度安排,环保督察巡视以环保巡察为工作内容,是中央层面对环境保护工作进行的统筹监管,在"十三五"时期发挥了重要作用,并将会在"十四五"及未来相当一段时期内,发挥重要的监督检查作用。

2. 社会公众

社会公众和社会组织作为最广泛、最具活力的治理力量,需

要积极发挥促进工业固废资源化利用的作用。社会公众的思想观念能够显著改变和影响主体行为,在消费过程中产生选择绿色再生产品的偏好。而在《中共中央关于建立社会主义市场经济体制若干问题的决定》中指出,我国应当积极发展市场中介组织,发挥其服务、沟通、公证、监督作用。通过社会组织在市场形成之初和形成之后,提供相关咨询服务等,以降低信息获取的成本和市场交易成本,促进市场更加健康持续发展。此外,社会公众及社会组织的另外一个作用是社会监督作用。作为现代环境治理体系要求的多元共治中非常重要的一"元",社会公众和社会组织需要在更多治理环节中介入和参与,成为推动治理的一股重要力量。

第三节　非合作博弈

上述局中人在考虑既有责权利安排后,参与到具体的工业固废资源化利用治理博弈中,将会形成各自的决策和行为选择。在产废企业和利废企业尚未基于降低成本而开展合作之前,产废企业和利废企业会在现有的博弈规则下进行独立决策。

一、产废企业与利废企业的博弈分析

1. 模型参数假设

设定产废企业的决策空间为{违法倾倒,无害化处置},利废企业的决策空间为{传统生产,资源化利用}。产废企业{违法倾倒}和{无害化处置}的成本分别为 C_d 与 C_c,由于违法倾倒成本远低于无害化处置成本,所以 $C_d < C_c$。同样设定利废企业{传统生产}和{资源化利用}的成本分别为 C_t 与 C_g,并且在现阶段的技术水平下,传统的生产成本要低于开展资源化利用工业固废的生产成本,即 $C_t < C_g$。

2. 矩阵构建及模型分析

产废企业和利废企业开展生产过程中的策略选择是由生产成本效益决定的。假定政府不作为的情形下,构建收益矩阵如表3-1所示。

表 3-1　产废企业和利废企业博弈的收益矩阵表

		利废企业	
		传统生产	资源化利用
产废企业	违法倾倒	$-C_d$, $-C_t$	$-C_d$, $-C_c-C_g$
	无害化处置	$-C_c$, $-C_t$	$-C_c$, $-C_g$

根据收益矩阵所示,在不存在政府监管的情况下,产废企业 |违法倾倒| 的决策总是优于 |无害化处置| 的决策。同样,利废企业 |传统生产| 的决策总是优于 |资源化利用| 工业固废的决策。

二、产废企业与政府双方博弈

1. 模型参数假设及矩阵构建

设定政府决策空间为 |监管,不监管|。政府实施 |监管| 需要支付监管成本 C_s,实施 |监管| 的政府会对进行 |违法倾倒| 的产废企业以概率 p 使其支付罚金 δ。若政府实施 |监管| 时产废企业进行 |无害化处置|,产废企业获得额外的声誉效用 h^+,否则产废企业会获得声誉效用损失 h^-。产废企业进行 |违法倾倒| 会给政府带来负面效应 V。构建产废企业与政府博弈的收益矩阵表 3-2 如下:

表 3-2　产废企业与政府博弈的收益矩阵表

		政　府	
		不监管	监　管
产废企业	违法倾倒	$-C_d$, $-V$	$-C_d-p\delta-h^-$, $-V-C_s+p\delta$
	无害化处置	$-C_c$, 0	$-C_c+h^+$, $-C_s$

2. 产废企业最优决策求解及模型分析

设定政府采用{不监管}的概率为 θ，即采用{监管}的概率为 $1-\theta$；产废企业进行{违法倾倒}的概率为 ψ，同理采用{无害化处置}的概率为 $1-\psi$。根据博弈矩阵可以得到政府进行{不监管}的期望收益为：

$$m_1 = -\psi V \tag{3.1}$$

政府进行{监管}的期望收益为：

$$m_2 = -\psi V - C_s + \psi p \delta \tag{3.2}$$

根据(3.1)、(3.2)式得出政府的整体期望收益为：

$$M = m_1 + m_2 = -2\psi V - C_s + \psi p \delta \tag{3.3}$$

产废企业的最优决策是使政府的两个决策的期望收益相等，由此可知：

$$\psi = \frac{C_s}{p\delta} \tag{3.4}$$

ψ 表示产废企业{违法倾倒}的概率，越小越好。根据(3.3)式，我们可以通过：①增加惩罚力度 p 或②提高罚金 δ，③降低监管成本 C_s 使得 ψ 的值变小。也就是说，产废企业在政府不监管的情况下，如果能够自觉合法合规的处置工业固废，这是政府所想要得到的治理结果。为了追求这一结果，鉴于目前政府在生态环境领域的监管力度很大，也就是 C_s 值尚无降低的可能性，政府可以通过出台法律法规提高对违法行为的罚款额度、增加惩罚措施的种类及严厉程度、提高监管力度等使得 p 和 δ 值变大，使得产废企业向着最优决策靠近。

3. 政府最优决策求解及模型分析

根据博弈矩阵可以得到产废企业进行{违法倾倒}的期望收益为：

$$n_1 = -\theta C_d - (1-\theta)(C_d + p\delta + h^-) = -C_d - (1-\theta)(p\delta + h^-)$$
$$(3.5)$$

产废企业进行{无害化处置}的期望收益为：

$$n_2 = -\theta C_c + (1-\theta)(h^+ - C_c) = -C_c + (1-\theta)h^+ \quad (3.6)$$

根据(3.5)、(3.6)式得到产废企业的整体期望收益为：

$$N = n_1 + n_2 = -C_d - C_c + (1-\theta)(h^+ - p\delta - h^-) \quad (3.7)$$

同理,政府的最优决策是使产废企业两个决策的期望收益相等,由此可知：

$$\theta = \frac{C_d - C_c + p\delta + h^- + h^+}{p\delta + h^- + h^+}$$
$$= -\frac{C_c - C_d}{p\delta + h^- + h^+} + 1 \quad (3.8)$$

θ 是政府{不监管}的概率,越大越好,并且 $C_d < C_c$。根据(3.8)式,我们可以通过以下四个途径提高 θ 的值：①增加违法倾倒成本 C_d；②增加惩罚力度 p 或提高罚金 δ；③降低无害化处置成本 C_c 和④加大声誉增长值 h^+ 或降低声誉损失值 h^-。目前来看,企业无害化处置工业固废的成本 C_c 基本上已经保持在了稳定水平,下降空间不大,且根据国家对于工业固废最新的目标设定,未来无害化处置的成本有政策调控上的上升趋势,即 C_c 值具有变大的趋势。所以,政府所追求的最优决策可以通过政府降低监管成本 C_s、企业声誉增长值的变化调整来实现。也就是说,未来政府可以通过政策法律的调整和制定提高违法成本,增加处罚额度、处罚种类提高 p 和 δ 的值,以及政府通过绿色企业的认定和宣传增加企业的声誉向所追求的最优决策靠近。

第四节　合　作　博　弈

一、模型参数假设及矩阵构建

根据工业固废产生的区域特征,以及工业固废资源化利用的特点,为了降低交易成本,未来产废企业和利废企业会开展协同利用的合作行为,并作为利益共同体与政府进行双方博弈,协同合作后的企业被命名为"企业"。设定企业决策空间为{违法倾倒,无害化处置,资源化利用};政府决策空间为{监管,不监管}。企业进行{违法倾倒}、{无害化处置}和{资源化利用}三个决策的成本分别为 C_d、C_c 和 $C_c + C_g$。依现阶段我国工业固废资源化利用的实际情况,显然 $C_d < C_c < C_c + C_g$。政府实施{监管}需要支付监管成本 C_s,政府实施{监管}会对进行{违法倾倒}的产废企业以概率 p 处以罚金 δ。若政府实施{监管},企业进行{无害化处置}或{资源化利用},作为鼓励和表彰,产废企业可以被政府认定为绿色企业,会获得政府给予的额外声誉效用 h^+,否则产废企业会获得声誉效用损失 h^-。政府会对实施{资源化利用}的企业进行一定的补贴,补贴额为 Φ。另产废企业进行{违法倾倒}会破坏生态环境,给政府带来负面效应 V。构建产废企业和利废企业合作后与政府博弈的收益矩阵如下表 3-3:

表 3-3　企业合作后与政府博弈的收益矩阵表

		政　　府	
		不监管	监　管
企业	违法倾倒	$-C_d$, $-V$	$-C_d - p\delta - h^-$, $-V - C_s + p\delta$
	无害化处置	$-C_c$, 0	$-C_c + h^+$, $-C_s$
	资源化利用	$-C_c - C_g + \Phi$, 0	$-C_c - C_g + h^+ + \Phi$, $-C_s - \Phi$

通过观察可发现,企业的两个决策{无害化处置}和{资源化利用}可通过 C_g 和 Φ 值的比较进行优劣判断。结合现实设定 $C_g < \Phi$,则无害化处置作为劣势决策被剔除,形成如下新的博弈矩阵表 3-4:

表 3-4　企业合作后与政府博弈的收益矩阵表

		政　府	
		不监管	监　管
企业	违法倾倒	$-C_d,\ -V$	$-C_d - p\delta - h^-,\ -V - C_s + p\delta$
	资源化利用	$-C_c - C_g + \Phi,\ 0$	$-C_c - C_g + h^+ + \Phi,\ -C_s - \Phi$

二、企业最优决策求解及模型分析

设定政府采用{不监管}的概率为 σ,即采用{监管}的概率为 $1-\sigma$;产废企业进行{违法倾倒}的概率为 ξ,采用{无害化处置}的概率为 $1-\xi$。根据博弈矩阵可以得到政府进行{不监管}的期望收益为:

$$x_1 = -\xi V - (1-\xi)\Phi \tag{3.9}$$

政府进行{监管}的期望收益为:

$$
\begin{aligned}
x_2 &= \xi(-V - C_s + p\delta) + (1-\xi)(-C_s - \Phi) \\
&= -C_s + \xi(-V + p\delta) - (1-\xi)\Phi
\end{aligned} \tag{3.10}
$$

根据(3.9)、(3.10)式可得政府整体的期望收益为:

$$X = x_1 + x_2 = -2\xi V - C_s + \xi p\delta - 2(1-\xi)\Phi \tag{3.11}$$

则企业的最优决策是使政府两个决策的期望收益相等,由此可知:

$$\xi = \frac{C_s}{p\delta} \tag{3.12}$$

ξ 是合作后的企业{违法倾倒}的概率,越小越好。根据(3.12)式,我们可以通过以下两个途径降低 ξ 的值:①增加惩罚力度 p,提高罚金 δ;②降低监管成本 C_s。在产废和利废企业合作后,企业的最优决策是违法倾倒概率越小越好,企业能自觉守法,分析其最优决策能够得到和合作之前相同的结果。也就是现阶段对合作企业从加大监管力度方面或者降低惩罚成本方面入手规制,使其向最优决策靠近。

三、政府最优决策求解及模型分析

根据博弈矩阵可以得到企业进行{违法倾倒}的期望收益为:

$$y_1 = -\sigma C_d - (1-\sigma)(C_d + p\delta + h^-) = -C_d - (1-\sigma)(p\delta + h^-)$$
(3.13)

企业进行{资源化利用}的期望收益为:

$$y_2 = \sigma(-C_c - C_g + \Phi) + (1-\sigma)(-C_c - C_g + h^+ + \Phi)$$
$$= -C_c - C_g + \Phi + (1-\sigma)h^+$$
(3.14)

根据(3.13)、(3.14)式可得企业的整体期望收益为:

$$Y = y_1 + y_2 = -C_d - C_c - C_g + \Phi + (1-\sigma)(h^+ - p\delta - h^-)$$
(3.15)

同理,政府的最优决策是使产废企业两个决策的期望收益相等,由 $y_1 = y_2$ 可知:

$$\sigma = \frac{C_d - C_c - C_g + \Phi}{p\delta + h^- + h^+} + 1$$
(3.16)

σ 是政府{不监管}的概率,越大越好。根据(3.16)式,由于 $p\delta + h^- + h^+ > 0$,所以可以通过以下途径提高 σ 的值:①增加违法倾倒成本 C_d;②降低无害化处置成本 C_c;③降低资源化利用成

本 C_g；④增加奖励额度 Φ。政府可以通过制度设定和激励机制使其向最优决策靠近。

由上述设定可知：$C_d < C_c$ 和 $C_g < \Phi$，所以 $C_d - C_c - C_g + \Phi$ 的正负性由四个变量的值共同决定。也就是政府最优决策的实现有赖于上述四个变量的变化和调整。当 $C_d - C_c - C_g + \Phi < 0$ 时，增加惩罚力度 p 或提高罚金 δ，加大声誉增长值 h^+ 或增加声誉损失值 h^- 是有效的。也即表明，需要政府从制度方面通过制度约束和激励机制这两方面的建设和完善，促进和引导工业固废企业及产业的可持续发展。当 $C_d - C_c - C_g + \Phi > 0$ 时，降低惩罚力度或降低罚金，减小声誉增长值或减小声誉损失值是有效的选择。同时，这也意味着政府的补偿或奖励力度是需要控制的，因为如果补偿足够大，可能会导致企业为了补偿而不是为了切实的资源化利用工业固废进行生产。所以补偿力度要适中，过度化会得到不理想的结果。当资源化利用工业固废可以成为产业着力发展时，政府可以通过提高对企业进行资源化利用奖励 Φ、加大要素投入、降低资源化利用成本 C_g 等向最优决策靠近。

本 章 小 结

工业固废资源化利用是一个亟待建立有效规制体系的治理领域。博弈遵循既有规则，从调整成本收益的角度分析，现行规制体系尚未针对工业固废资源化利用形成有效的成本收益分配机制，无法有效引导产废和利废企业积极开展资源化利用。通过合作博弈和非合作博弈的演化和对比分析，合作博弈作为一种能够降低成本，对多方都有利的方式，也指向了当前所提出的在工业固废治理过程中的区域协作，不仅跨行业，还要跨区域，在区域范围内实现合作共赢，在区域范围内形成市场，降低交易成本，促进资源的优化配置，实现资源价值。工业固废资源化利用过程中,相关利益主体间的博弈始终存在,并根据博弈规则的变化而发生调整,博弈规则就是政府出台的政策法律及制度安排。对政策法律和制度进行调整,以推进形成参与主体之间相互作用所维持的自我约束性秩序,最终实现博弈均衡则是治理所期望达成的目标。工业固废资源化利用涉及多方利益主体,主体之间利益的协调和平衡构成博弈过程,规则或制度是各方主体之间的纽带。每个企业的理性行为并不能一定能够在亚当·斯密"看不见的手"的指引下产生最优的社会共同结果,提升社会整体福利水平。在合作博弈更占优的情况下,就需要通过契约协调,进一步探索和构建产废主体和利废主体之间的利益共享和分配机制,使得产废主体和利废主体之间能够通过协调,达成实现包括生态环境效益在内的利益最大化的结果,切实推进工业固废资源化利用工作取得实效。

第四章

现行工业固废资源化利用规制工具检视
——基于文本量化分析

面对未来工业化和城镇化的持续推进,仅靠污染防治已无法满足生态文明建设的需要,亦无法满足高质量发展的要求,工业固废资源化利用成为亟待破解的难题。工业固废将成为制约我国高质量发展和生态文明建设的瓶颈,对工业固废进行有效规制、提升资源化利用水平将会成为我国绿色低碳循环发展的重要内容。围绕工业固废的研究多从固废管理、产出量预测和资源化实现技术路径等方面开展,而以政策法律文本为核心关注,针对政策法律工具开展量化分析,是从政策工具视角打开工业固废治理"黑箱",为分析问题提供新的视角,因而具有重要的研究意义。

第一节 研究方法

政策工具是政府在治理过程中所能使用的"箭袋里的箭"(奥斯本和盖布勒,2013)。"文献文字的自然分布状态,携有语言的大量信息"(李波,2005)。Jenkins指出"在政策领域,过程和内容之间存有某种动态的联系","作为一个分析的焦点,政策内容提供了理论的可能性,对政策内容的考察为探查政治机器的内部动力学提供了手段"(涂端午,2007;孙汉文等,2006)。政策法律作为治理工具在工业固废规制中发挥着重要作用。政策法律文本的形成过程往往是决策者对规制目标认识和实现的体现过程,且政策是由一系列基本单元工具组合建构而成。"政策工具分析以政策结构性为立论基础"（汪晓帆等，2018），反映了决策者的理念和公共政策价值（陈兰杰和赵元晨，2020）。稳定有效的政策经长期实践形成共同意志后，进而上升为法律正式颁布实施，由全体社会成员共同遵守。从这一视角看，政策工具也是法律工具的元工具，法律文本亦可解析出政策工具。政策文本量化分析的方法已经较为成熟，政策工具研究实践已经有了丰富的积累和演进变化，该研究方法在我国也已在很多领域的规制研究中取得了成果。因此，本章以政府治理工业固废的"箭"——政策法律文本为核心关注，通过政策法律工具的量化分析，对规制开展研究。

第二节　样本选择及研究框架构建

一、文本收集

文本选取延循工业固废治理两条路径：一是污染物的治理，二是资源的综合利用。根据上述两条路径搜集和梳理有关工业固废治理的政策法律文本信息。考虑到样本来源的层级和权威性，文本选择全国人大、国务院及其直属机构制定颁布的法律法规和意见、办法、通知等，围绕"固废治理""工业固体废物""资源综合利用"等关键词，通过全国人大、国务院、各部委官方网站、国务院政策文件库及北大法宝等网站进行政策法律文本的检索与搜集，通过梳理和筛选，最终确定入库文本 75 份，时间跨度为1985—2020 年，所有文本均可公开查询。

我们根据文本发布部门与政策法律类型，借鉴 Libecap (1978)构建法律指数的方法，在黄萃（2016）、王迪和刘雪（2020）、汪晓帆等（2018）、芈凌云和杨洁（2017）、张国兴等（2014）的研究成果的基础上，建立起适用于此研究的量化指标体系。首先，将纳入统计范围的政策法律文本按照规制强度的不同从 5 到 1 赋分,依次为法律文本 5 分、行政法规 4 分、党内法规 4 分、部门规章 3 分、部门工作文件 2 分、其他 1 分。之后将每年颁布出台的各项政策法律的规制强度分加总,形成当年的政策法律文本规制强度总和,以显示政策法律层级对应的规制强度情况。以颁布时间先后顺序制作入库文本汇总表(见表 4-1),完整文本汇总表详见文末附表 1。

表 4-1 我国工业固废治理政策法律文本汇总表

年份	编号	文本名称	发布时间	规制强度
2020	1	中共中央、国务院关于构建现代环境治理体系的指导意见	2020/3/3	5
2020	2	关于进一步加强塑料污染治理的意见	2020/1/16	4
2019	3	工业和信息化部办公厅、国家开发银行办公厅关于加快推进工业节能与绿色发展的通知	2019/3/19	3
……	…	……	……	…
1996	73	国务院批转国家经贸委等部门关于进一步开展资源综合利用意见的通知	1996/8/31	4
1989	74	国家计委关于印发《一九八九—二〇〇〇年全国资源综合利用发展纲要》的通知	1989/1/10	3
1985	75	国务院批转国家经委《关于开展资源综合利用若干问题的暂行规定》的通知	1985/9/30	4

资料来源:根据资料整理而得。

我们同时以"工业固废资源综合利用"为关键词,通过对政策和法律文本的搜集,分年度对有关政策法律的颁布数量进行统计(见图 4-1)。时间维度上,从我国工业固废治理相关政策法律分年度出台数量可窥见我国改革开放之后工业固废治理方面规制强度的变化。图中曲线走势与通过中国知网 CNKI 以"工业固废"为关键词检索到的"工业固废中文相关文献量"的趋势大体相吻合。这样的趋势吻合也在一定程度上反映出政策法律的出台与社会对"重要问题"的关注度之间存在相互影响、相互推动的关系。

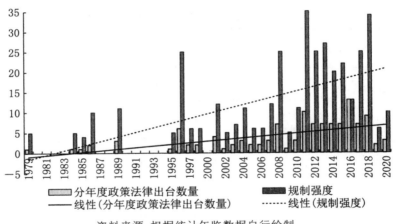

资料来源:根据统计年鉴数据自行绘制。

图 4-1　工业固废治理政策法律年度出台情况

及规制强度示意图(1979—2020)①

二、构建分析框架

构建分析框架分两步进行:第一步确定参与主体,对政策工具的分类进行选择和确定;第二步构建二维分析框架。

---

① 鉴于法律的颁布实施和之后的修订均为重要的立法活动,同一部法律会历经多次修订修正,甚至被废止,在此取颁布、修订分别计数,亦不将失效文件剔除,如此能够全面反映变化全貌,因而会与之后重点考察的现行有效文本在总量上存在显著差别,特予说明。

1. 参与主体和政策工具的选择

工业固废资源综合利用的参与主体包括政府、产废企业、利废企业、社会公众及第三方主体。工业固废资源综合利用产业是一个需要政策扶持以推进建立市场机制的过程,应当考虑各类主体在产业形成及生产流通消费等市场活动中相应的权责利分配。各类主体权责利的清晰分配和界定可以降低交易成本,推动市场化解决问题。同时,基于强制程度不同和调整成本收益的作用方式不同,我们采用将政策工具分为命令控制型工具、激励型工具、引导型工具和能力建设型工具四种类型。

命令控制型政策工具。该种类型的工具也称为权威型政策工具,是指政府通过立法或制定规章制度的形式来确定既定的政策目标,要求企业和个人依法依规遵守,并对违反法律法规破坏环境的企业和个人予以相应处罚的具体制度安排和调节机制。该类政策工具是政府为达成治理目标,针对市场失灵而采取的管控措施,作用机理是通过法律法规及政策文本明晰各类规制主体的责权利,通过以国家强制力保证实施的强制手段直接作用于固废治理过程,可细分为处罚、责任制、目标考核、问责、评价、淘汰等,但治理成本较高。

激励型政策工具。该种类型的工具可以直接作用于产废企业和利废企业,通过价格机制和相关优惠政策,调整各类主体之间的成本收益,并由此产生正向的内生动力,推动市场化解决治理问题,引导企业主体及市场健康稳定持续发展。该类型工具通过技术支持、财政补贴、税收优惠等具体的市场工具影响企业行为和决策,以期解决固废问题。激励型工具重在激发主体积极性,政府和社会的治理成本较低,在此可细分为排污许可、技术支持、财税优惠等。

引导型政策工具。该种类型的工具作用于微观个体或组织,属于自愿性协议,不具有强制性,可以通过社会舆论引导观念意识的改变,进而发挥对行为根本性的、深远的影响。如消费者绿色消费理念兴起后对再生产品购买意愿的形成,环保 NGO 组织参与度加深并发挥越来越大的作用和影响等,在此可细分为绿色消费、绿色采购、第三方服务、社会宣传、环保公益活动等。依制度可分为正式制度和非正式制度,引导型政策工具更多的是作用于非正式制度的形成,如行为习惯、共同意识等,对于降低社会治理成本方面也具有显著的和积极的作用。

能力建设型政策工具。现阶段我国工业固废治理过程中在能力建设方面存在短板,拉升了治理成本,拉低了规制效率。针对规制目标达成过程中所缺失和薄弱的能力,该种类型的工具主要用于开展能力提升方面的工具支持,包括通过第三方服务、加大科研支持力度,加强相关专业人才培养、加强管理能力的提升、加强平台和信息化建设,积极利用大数据提升治理能力和治理水平,在此可细分为科研支撑、人才培养、各类平台建设等。

2. 构建二维分析框架

工业固废领域政策工具的使用是为了实现和达成生态文明理念下绿色可持续发展目标。从政策工具和参与主体出发,构建政策工具分析的 XY 维分析框架,以此为基础进行下一步文本编码。其中,参与主体维度是 X 维度,代表参与治理中的各类主体;政策工具维度是 Y 维度,并在此维度上对政策工具进行不同分类。通过"参与主体—政策工具"二维分析框架,能够更加全面细致地分析我国工业固废治理政策工具使用情况(见图 4-2)。

三、文本单元编码与数据分析

基于上述入库的 75 份文本文件和已经设计出的二维分析框架,对文本信息的内容进行抽取、编码,最终形成编码分类汇总表,通过量化工业固废治理政策法律文本所包含的政策工具,为之后多维度分析和发掘信息奠定数据基础,并可为后续完善政策

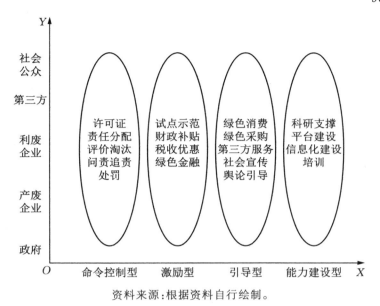

资料来源:根据资料自行绘制。

图 4-2 工业固废治理的政策法律文本二维分析框架图

法律提供量化评估和参考。

1. 文本单元编码

对入库文献文本信息进行检索,通过对包含有与主题相关的核心关键内容进行识别,选取有效信息后进行编码,录入编码表(见表 4-2,详见附表 4)。

2. 编码分类及数据分布情况

以上述文本单元编码为基础,根据构建出的二维分析框架将编码归类至相应的类别中,并进行频数统计,得出不同维度之下、不同类别政策工具的频数分布情况,作为下一步分析研究的数据基础(见表 4-2、图 4-3)。

从政策工具使用频数相关统计情况来看,目前工业固废治理过程中,命令控制型工具使用比例较大,占到 45%,而激励型工具

表 4-2　政策法律文本内容单元编码（部分）

序号	文　　本	文本内容编码	文本内容分析单元
1	工业和信息化部办公厅、国家开发银行办公厅关于加快推进工业节能与绿色发展的通知	1-2-2	清洁生产改造。推动焦化、有色金属、化工、印染等重点行业企业实施清洁生产改造，从源头削减废气、废水及固体废物产生，资源综合利用。支持实施大宗工业固废综合利用项目。重点
		1-2-3	推动长江经济带磷石膏、冶炼渣、尾矿等工业固体废物综合利用
2	国务院办公厅关于印发"无废城市"建设试点工作方案的通知	2-1-4	到 2020 年，大宗工业固体废物贮存处置总量趋零增长，非法固废倾倒事件零发生，培育一批固体废物资源化利用骨干企业
…	…	……	
71	国务院办公厅关于促进建材工业稳增长调结构增效益的指导意见	71-8	……加快发展专用水泥、砂石骨料、混凝土掺合料、预拌混凝土、预拌砂浆、水泥制品和部件化制品；积极利用尾矿废石、建筑垃圾等固废替代自然资源；发展机制砂石、混凝土掺合料、砌块墙材、低碳水泥等产品
		71-14	绿色智能发展……鼓励整治用硅砂、石英砂和砂石骨料、用尾矿、废石等资源，提高综合利用水平
75	国家经贸委关于印发《九五》资源节约综合利用工作纲要	75-3-3	研究制定促进企业开展资源节约综合利用的经济政策，狠抓已有税收政策的落实
		75-3-7	充分发挥技术服务中心和协会等中介组织的作用

资料来源：根据资料整理而得。

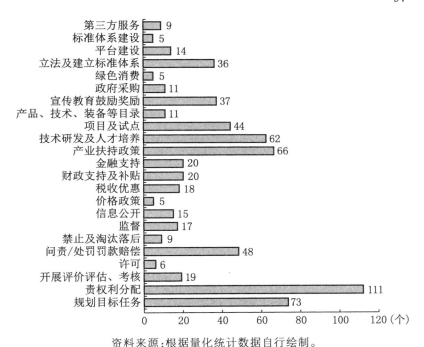

资料来源:根据量化统计数据自行绘制。

图 4-3　各类政策工具使用频度分布概况图

占 20%,引导型工具占 31%,能力建设型的使用仅占到 4%(见图 4-4)。由此可见,我国工业固废治理以命令控制型工具使用为主。命令控制型工具的使用在控制固废污染趋势恶化方面发挥了一定的作用,但客观上也存在着效率低下、绩效不足和管制成本高等缺陷,且此类工具中资源综合利用方面的工具刚性与污染治理相比明显不足。在促进工业固废资源综合利用方面,激励型、引导型工具的使用占比较低,在激发多元市场主体参与工业固废资源综合利用、发掘市场配置资源的核心功能方面的激励和引导作用有限,有待未来加强这两种类型政策工具的使用,如可以通过加强标准、规范、信息、制度等体系的建设降低交易成本和治理成本,推动工业固废资源化利用市场的形成和健康稳定发展。

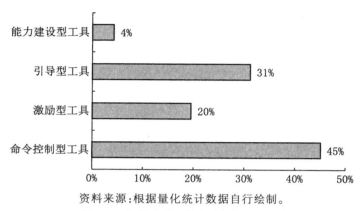

资料来源:根据量化统计数据自行绘制。

图 4-4　各类政策工具占比概况示意图

　　从参与治理的主体情况来看,政府占比为 81％,企业为 14％,社会公众参与占 4％,司法机关仅占 1％(见图 4-5)。总的来看,固废治理政策工具覆盖的主体比较全面,但在各主体之间的分配比重存在严重不均衡,这与国家倡导的"多元共治"理念并不相符。其中,政府比重较高,企业次之,这也体现出我国在固废治理方面对于社会公众的治理力量重视不够,鼓励社会公众参与治理的力度不足。在企业主体中,2019 年涉及大宗固废资源综合利用的利废企业有 3 万多家,但相较之于全国第二产业超过 500 万家的产废单位而言,利废企业无论从规模还是数量上看均显单薄,有待继续引导和培养,使之早日成为力量壮大的利废市场主体,加速推动解决我国工业固废资源化利用问题。当前及未来相当一段时期内,生态文明建设及高质量发展对固废治理提出了更高的目标要求,固废领域的市场机会已经打开。根据 Zink 和 Geyer(2017)研究循环经济的结论,仅仅鼓励私营企业在工业固废资源化利用中寻找赢利机会,扩大次级产品替代初级产品的规模,可能会降低或消除潜在的环境效益。而目前我国各地的国有企业也已经开始主动参与到固废治理中来,从承担社会责任的角度出发,布局工业固废资源综合利用项目,这将会在未来治理主体构成及规模方面产生积极影响。

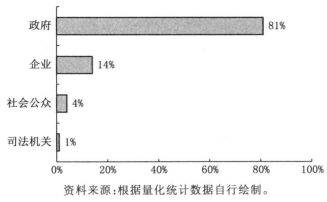

资料来源:根据量化统计数据自行绘制。

图4-5　参与治理主体占比情况示意图

进一步分析命令控制型政策工具,从其具体构成来看,工业固废治理过程中以规划目标引领和各参与主体的责权利安排为主,这与工业固废治理过程中以"污染防治"刚性约束为底线、以

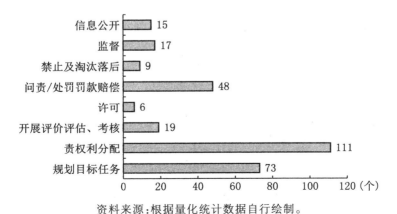

资料来源:根据量化统计数据自行绘制。

图4-6　命令控制型政策工具构成情况示意图

促进清洁生产和资源综合利用为目标引领的治理路径相符合。其中,问责处罚多以违反环境污染防治管理相关规定为考量标准,与污染行为及后果关联并设定处罚,缺乏与资源综合利用相关联的问责处罚规定。

工业固废治理激励型政策工具以税收财政政策为主,辅之以价格、金融政策。激励政策工具中产业扶持政策较多,这与当前工业固废资源综合利用市场尚处于发展初期、内生动力不足有关,仍然需要大量产业政策予以扶持有直接关系。绿色金融在工业固废资源综合利用领域的投资支持力度不够、创新不足,绿色债券、绿色保险等工具适用性、可行性和具体操作有待深入研究。我们还了解到民营企业开展工业固废资源综合利用在财政资金和银行信贷获取方面存在一定阻碍,有待进一步完善政策工具的公平适用性。此外,现阶段工业固废资源化利用过程中,再生原料和产品的价格并没有包含产生的正向生态环境效益在内,缺乏补偿机制,难以在成本效益方面形成正向激励,也有待进一步完善。

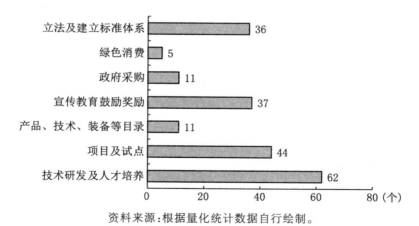

资料来源:根据量化统计数据自行绘制。

图 4-7　激励型政策工具构成情况示意图

引导型政策工具引导和带动工业固废资源综合利用市场健

康持续发展的力量仍显不足。多元共治的现代化治理体系构建过程中,需要特别注重依靠各方主体的主动性和积极性。但当前政府采购的支持引导力度不够,全社会绿色消费理念尚未成熟,有待后续强化和细化引导政策,助推工业固废资源综合利用。同时,引导型政策工具在引导鼓励和调动主体参与的主动性、积极性方面也存在形式单一、路径缺乏、信息不对称等问题。一方面,企业主动开展和寻求资源化利用工业固废市场、技术和路径的积极性不高;另一方面,消费者对再生原料和再生制品的认可接纳度不高,存在信息不对称导致的认知局限和抵触情绪。

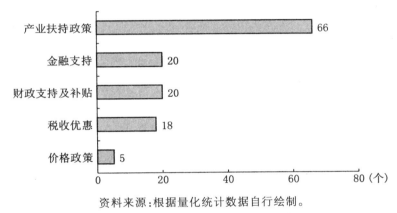

资料来源:根据量化统计数据自行绘制。

图4-8　引导型政策工具构成情况示意图

能力建设型工具方面,目前各类平台建设和标准体系制定成为制约工业固废治理的短板。无论是强化提升管理水平和能力的信息管理及数据统计平台,还是促进资源配置的市场化交易信息平台,抑或是资源综合利用产品市场准入标准、产品质量标准等均存在缺失,均会提高工业固废资源综合利用的交易成本,阻碍市场化进程。此外,行业协会等社会组织作为第三方在提供咨询服务、构建政企沟通桥梁等方面的工作薄弱,有待加强。

表4-3　工业固废治理政策工具编码二维分布表

	命令控制型工具							激励型工具					引导型工具						能力建设型工具			
	规划目标／责任／任务分配	开展评价评估考核	许可	回复／处罚／罚款／追究	监督	禁止／禁用／淘汰／限制	信息公开	价格政策	税收优惠	财政支持及补贴	金融支持	产业扶持政策	技术研发人才培养	项目及试点	产品、技术、装备等目录	宣传教育舆论奖励	政府采购	绿色消费	立法及法标体系立库准体系	平台建设	标准体系建设	第三方服务
政府	1-2-2 2-2-1 … 34-20 66-2-2-3 74-3-2 76-2-2	2-2-1-2 2-2-6-11 … 56-5-3 56-5-4 2-2-6-3 6-6-6 6-6-22 72-3-1 73-2	14-22-1 14-22-2	2-2-6-1 2-4-3 14-27 14-28 26-34-3 26-67-2 56-5-1	19-3-12 26-67-1 29-40 48-7 61-6-2	2-2-14 14-33 29-15 48-3 74-4-5 56-5-1	2-4-4 14-29-1 19-3-22 6-6-21-2 6-6-25	2-2-6-2 2-2-6-3 32-8-1-3 50-22 50-22 61-4-2	2-2-6-2 2-2-6-3 … 72-3-3 74-4-5	1-3-1 2-4-2 14-95 19-3-26 68-1 72-3-2	1-3-1 2-4-2 14-97 72-3-4 74-4-5	1-2-3 4-23 14-94 72-2-3 74-3-3-1	2-4-2 11-4-5-4 11-4-5-5 72-3-5 74-4-7 76-3-4	12-27 15-3-3 27-12 64-5-3 74-3-4-2	2-2-2-3 2-2-6-3 29-20 67-5-2 72-3-1	2-4-4 14-3 14-11 32-8-6-2 47-23 33-22	2-2-6-6 2-2-6-7 14-100-2 47-17 64-5-1-2	14-100-1 50-30	2-2-2-3 12-42 19-3-25 … 72-3-1 14-14 14-15	2-2-6-9 4-36 14-16 72-2-9 6-6-25	21-9 33-8 40-2-14 47-14 48-6	
企业	4-36 4-30 14-5 14-17 14-18 … 67-33 33-10-3	6-6-7 6-6-15 6-6-16 70-7	14-39 26-45-1 26-45-2 70-7	3-5-2 3-4-2 5-80-5 60-6-5 75-12 75-16	49-4 49-5 49-6	14-20-2 14-21 70-6 40-2-13	14-29-2 19-3-23 26-55-1 14-29-3	14-98-1 14-98-2 49-7 62-9 67-33 23-19 33-18		62-10	62-10	30-4-4-2 33-16 33-17-1 33-17-2 33-18 33-19 33-20	30-7-2			34-28 29-23						

（续表）

	命令控制型工具							激励型工具							引导型工具					能力建设型工具		
	规制目标/责权剩余配置任务	开展评价评估考核	许可	问责/处罚/罚款/处置/慰告	禁止/叫停/取缔改善后试营运	督查	信息公开	价格政策	税收优惠	财政支持及补贴	金融支持	产业扶持政策	技术研发/人才培养	项目/试点/示范	产品、技术、装备等目录	宣传、教育、鼓励、奖励	政府采购	绿色消费	立法及建立标准体系	平台建设	标准体系建设	第三方服务
社会公众	19-3-13 33-5-3	6-6-10 6-6-13 6-6-19		34-35		26-57-1 26-57-2	20-9-3									29-42	23-20 29-22 4-23					2-2-6-10 17-13 21-12 … 47-13 76-3-7
司法	14-121 14-122			14-120 26-63-1		26-58-1	50-31															

第三节　规制工具运用效果及存在问题

制度构建及调整依循降低交易成本原理,一个好的治理模式要求具备良好的制度设计和立法过程,同时采用适当的策略与工具,才能发挥出制度的效用(张宝,2020),才是治理的最终诉求。宏观层面,制度建立和完善的目的是降低交易成本,推动建立或形成市场,提升规制效率,达成治理目标。微观层面,理性自利的市场主体受现有政策法律规制和约束,而作为制度重要内容的政策法律规制工具,通过调整成本收益,进而影响微观主体的决策和行为选择,推动治理向着宏观目标期望的方向前行。从前述政策法律工具量化分析结果得出我国目前工业固废治理政策法律规制工具的运用存在如下主要问题:

一是命令控制型工具聚焦于工业固废污染防治领域。政策法律工具层面,我国工业固废治理的强制力或约束力偏重于污染治理。虽然命令控制型工具的治理成本较高,但在推动治理重心转变中却是必需的,是推动治理变迁的重要约束力量。虽然作为底线的污染防治的保障力度持续增强,但底线保障仅停留在不得随意倾倒、填埋等。在减量化的底线严守方面,目前缺少动态刚性约束,设定动态减少的填埋、贮存目标,仅在2018年底的"无废城市"试点过程中提出部分试点城市大宗固废贮存处置总量的趋零增长目标。而日本固废治理之所以成功的一个关键点就在于从目标制定到目标实现之间,制订了细致的实施方案和推进计划,从时间到空间,全维度确保目标落地(林斯杰等,2018)。如日本对固废有系统性的综合考虑,固废从产生到利用再到处置均有清晰的路线图,管理闭环到位,清晰可溯源,每批废物都实现了各环节的可追溯,且利用方向指向明确。欧洲大多数国家则已经针对固体废弃物资源化和垃圾填埋的减量化设定了目标,并制定了

表 4-4 固体废物综合利用目标汇总表

序号	规划文件名称	颁布时间	目标
1	关于"十四五"大宗固体废弃物综合利用的指导意见	2021	到 2025 年，新增大宗固废综合利用率达到 60%，存量大宗固废有序减少
2	关于推进大宗固体废弃物综合利用产业集聚发展的通知	2019	到 2020 年，建设 50 个大宗固废综合利用基地，50 个工业资源综合利用基地，基地废弃物综合利用率达到 75% 以上，形成多途径、高附加值的综合利用发展新格局
3	循环发展引领行动	2017	到 2020 年，一般工业固体废物综合利用率达到 73%
4	中国制造 2025	2015	力争 2020 年工业固体废物综合利用率提高到 40%
5	"十二五"资源综合利用指导意见大宗固体废物综合利用实施方案	2015 2011	2015 年工业固体废物综合利用率达到 73% 和 45% 2015 年，我国大宗固废综合总回收率与共伴生矿产综合利用率达到 50%，工业固体废物综合利用率提高到 70%，再生铜、铝、铅占当年总产量的比例分别达到 40%、30%、40%
6	国家"十二五"节能减排综合性工作方案国家环境保护"十二五"规划	2011	2015 年，工业固体废物综合利用率达到 72%
7	"十一五"资源综合利用指导意见	2007	2010 年，矿产资源总回收率与共伴生矿产综合利用率达到 60%，其中粉煤灰综合利用率达到 75%，煤矸石达到 70%

资料来源：根据资料整理而得。

有效的策略以满足这些目标(滕婧杰等,2020)。相比之下,我国工业固废治理方面在目标和计划方面的管理还不够明确和细致。

二是激励型工具侧重于工业固废资源化利用领域。激励型工具作用于微观主体,通过激励实现价格机制的调节作用,进而改变相对价格,调整资源化利用工业固废的成本收益。但目前的激励型工具在改变相对价格方面效果不甚理想,微观主体开展资源化利用工业固废的积极性和主动性不高,市场化治理路径推进缓慢。在补偿微观主体生态环境保护方面的正外部性行为方面,激励型工具存在空白,使得价格方面缺失了一块非常重要的内容,显著削弱了工业固废治理从污染防治到资源化利用转变过程中改变相对价格进而影响博弈的力量。以德国为例,其在2000年颁布的《可再生能源法》中就明确规定了政府以资金补助的方式鼓励从事再生能源的相关企业进行生产,2002年的《持续推动生态税改革法》则进一步强调了政府可以用加征生态税多获得的税款补贴给资源化企业。日本则通过出台政策,支持在政府工程、混凝土工程项目优先使用再生砂石,为固废资源化利用企业提供一定的市场需求空间。为了更好地发展再生原料市场,欧盟委员会和欧洲标准化组织提出了一套标准化工艺和标准化分析过程,对于再生产品及原料,积极引入最低的强制性绿色公共采购规范与目标,分阶段引入强制性申报程序,以监督绿色公共采购的应用情况。

三是引导型工具使用范围和引导力度存在局限。引导型工具致力于为创建"多元共治"开展前期的引导和基础准备工作,在构建"多元共治"治理体系中具有重要作用。现阶段引导型工具在引导社会公众开展绿色消费、破除"邻避"效应、引导多元主体形成共同意识和一致行为习惯上,仍存在开展范围有限和引导力度不足等问题。以欧盟为例,欧盟已经认识到新的循环经济行动计划能否成功,取决于欧盟各成员国、主流环保组织和广大公众的共同支持和配合。利益相关方深度参与以及消费者理念转变对于由线性经济向循环经济过渡至关重要。欧盟及各国在战略层面都已经确立了积极引导利益相关方深度参与的原则,同时赋予消费者更多选择权,推动绿色消费模式的形成。

四是能力建设方面制度供给成本高昂。能力建设的目的在于提高治理效率,降低治理成本。目前主要表现为信息不对称造成的市场主体信息搜寻成本较高,阻碍了工业固废资源化利用过程中的资源配置效率,而监测监督等方面的技术和基础设施建设滞后,直接影响了监督效率,也拉升了监管成本。未来数字化将会赋能循环经济,尤其是固废资源化管理。数字技术可以追溯产品、零件和材料的行程,确保数据成果的可靠访问,从而提高管理系统的效用。2017年,欧洲的原材料信息系统(Raw Materials Information System)启动可在线监测再生材料和产品循环利用的相关数据功能。根据《可持续欧洲反馈文件》的目标规定,废物管理系统是欧洲循环经济的重要组成部分,其核心作用是通过全面有效的管理将废物转化为资源,这就需要数字技术与管理系统深度融合发展。

上述问题引致过高的交易成本,既有制度体系未能显著降低交易成本,致使资源化利用工业固废市场形成后一直没能得到快速发展。

本　章　小　结

推进生态文明治理体系和治理能力现代化要求治理有效、高效。"十四五"时期是全面提升我国工业固废资源化利用水平的关键期,需适时调整优化政策工具,发挥政策工具在降低治理成本、提升社会整体福利水平方面的积极作用。具体而言,单一命令控制型工具抑或激励型工具的运用,在实践中都不可避免地存在治理成本高或效率低下等问题,需综合运用多元政策法律工具破解工业固废资源化利用难题。一方面,未来政策法律工具设计应当以工业固废资源化利用为重心,进一步在资源化方面设定和运用命令强制型工具,构建刚性约束指标体系,加大追责力度,以底线思维倒逼资源化利用;另一方面,要通过引导型和激励型工具的有效使用,发掘市场配置资源的核心功能,激发各类主体参与工业固废治理的主动性和积极性,推动形成全社会参与的"多元共治"治理体系,最大限度地降低社会治理成本。能力建设方面,要注意提升工业固废资源化利用产业信息化水平与生态环境治理能力现代化建设相协同,避免重复建设,降低产业发展的信息成本,提高资源配置效率,共同推动治理向着提升社会整体福利和实现可持续发展目标方向前行。

第五章

工业固废资源化利用
规制效率及影响因素分析

通过研究政策法律构建出的制度体系在治理过程中产生的效果、规制的效率及存在的问题，可以优化治理，缩短治理进程，降低社会治理成本，增加社会整体福利水平。本章基于数据包络分析法，通过搜集整理和分析数据，纳入投入和产出指标，构建工业固废资源化利用规制效率评价模型，对我国工业固废资源化利用规制效率进行定量综合评价，并对影响因素进行实证分析，以期获得相关结果，为之后提出意见建议提供支撑。

第一节　DEA 方法概述

数据包络分析（Data Envelopment Analysis，DEA）是进行效率评价的常用方法，被广泛应用于各个领域，在资源环境领域研究的实际应用也日渐增多。DEA 方法是由美国著名的运筹学家 Charnes 和 Cooper 在 1978 年提出的，是用来评价决策单元（DMU）间相对有效性的一种统计学方法。数据包络分析（DEA）是根据选取与研究主题相关的多项投入与产出指标，运用线性规划的方法和原理，对选取的具有可比性的同类型单位进行相对有效性评价的一种数量分析方法。该方法自1978 年提出之后，已广泛应用于不同行业部门的相关研究分析中。

建立在"相对效率"概念的基础上,从规模收益角度,DEA 模型主要可分为不变规模收益的 Charnes-Cooper-Rhodes(CCR)模型、可变规模收益的 Banker-Charnes-Cooper(BCC)模型两个基础类型(白辉等,2020)。由于 CCR 模型和 BCC 模型无法衡量全部松弛变量,在效率评估中存在着无法精确衡量效率水平的不足,导致其在效率测度过程中具有一定的局限性。Tone(2001)提出了一种非径向模型,即 SBM 模型(Slack Based Mode,SBM)。该模型对 DEA 模型进行了较为完善的拓展,可以很好地在效率测量中体现各指标的松弛改进。SBM 模型假设生产系统存在 n 个决策单元,各个决策单元均有投入和产出。投入向量设为 $X = [x_1, \cdots, x_n] \in R^{m \times n}$,产出向量设为 $Y = [y_1, \cdots, y_n] \in R^{s \times n}$。所以,生产可能性集合 P 定义为:

$$P = \left\{ \frac{x, y}{x} \geqslant x\lambda, \ y \geqslant y\lambda, \ \lambda \geqslant 0 \right\} \tag{5.1}$$

其中,λ 为指标权重向量。

考虑到很多 DMU 都能达到有效状态,会使大量效率值结果为 1。因而,如果需要区分不同 DMU 的效率级别,就必须对模型进行进一步的优化。所以,我们在 SBM 模型的基础上进一步使用 Super-DEA 方法,即超效率 DEA 方法。该方法是在评价某一特定 DMU 时,以除了被评价 DMU 外的其他所有 DMU 构成生产参考集,显然该效率值可能大于 1,实现大于 1 的效率值的进一步测算和排序。因此,将超效率 DEA 方法引入 SBM 模型,得到 Super-SBM 模型,表示为:

$$\delta^* = \min \frac{1 + \frac{1}{m} \sum_{i=1}^{m} s_i^- / x_{i0}}{1 - \frac{1}{q} \sum_{r=1}^{q} s_r^+ / y_{r0}} \tag{5.2}$$

$$s.t. \begin{cases} \sum_{j=1,\, j\neq k}^{n} x_{ij}\lambda_j - s_i^- \leqslant x_{i0} \\ \sum_{j=1,\, j\neq k}^{n} y_{ij}\lambda_j + s_r^+ \geqslant y_{r0} \\ s^-,\ s^+,\ \lambda_j \geqslant 0 \end{cases} \tag{5.3}$$

$$i=1,\ 2,\ \cdots,\ m;\ r=1,\ 2,\ \cdots,\ q;\ j=1,\ 2,\ \cdots,\ n(j\neq k)$$

其中,s^-,s^+分别表示投入x_{i0}、产出y_{r0}的松弛变量;δ^*表示 DMU_0目标效率,是被评价 DMU 距离前沿生产曲线的最小距离。判定法则如下:

(1) 若$\delta^* < 1$,则DMU_0无效;

(2) 若$\delta^* = 1$,则DMU_0有效;

(3) 若$\delta^* > 1$,则DMU_0有效,且δ^*值越大代表效率越高。

在对效率的测量中,测量方式可以选择投入导向(Input-Oriented)、产出导向(Output-Oriented)和非导向(Non-Oriented)。投入导向模型是从投入的角度对被评价决策单元的无效率程度进行测度,关注的重点是在不减少产出的情况下,要达到技术有效,则各项投入指标需要和应该减少的程度是多少;而产出导向模型则转换为从产出角度对被评价的决策单元的无效率程度进行测度,其关注重心是在不增加投入的前提下,为了达到技术有效,则各项产出指标需要和应该增加的程度情况。最后,非导向模型则是同时从投入和产出两个方面和两个方向上开展效率测度。

在不同规模报酬假设下,求解的技术效率含义也不同。不变规模收益(CRS)假定下,DEA 模型计算出来的效率是综合技术效率(Technical Efficiency, TE)。因现实中规模报酬往往是变化的,这里计算出来的技术效率包含了规模收益成分在内。可变规模收益(VRS)假定下,DEA 模型计算出来的效率是纯技术效率(Pure Technical Efficiency, PTE),不包含规模收益成分在内。因而,可以通过技术效率和纯技术效率剥离出来规模效率(Scale

Efficiency, CE)部分,计算方法为: $SE = TE/PTE$。 TE 比 PTE 越大,规模效率越大。

第二节 规制效率分析

一、数据支撑

本研究的数据时间范围选取在 2000—2019 年,选择了四个投入指标和四个产出指标,数据中涉及工业固废资源综合利用量、工业固废资源综合利用率、工业固废处置量、工业增加值、工业固体废物污染治理投资完成情况、科研投入情况、工业固废治理法律法规政策数量及其规制强度等,除法律法规政策数量和规制强度外,其他投入指标都采用 2000 年为基期的不变价格核算。数据来源于《中国统计年鉴》、《中国环境统计年鉴》、《中国能源统计年鉴》、《中国工业统计年鉴》、Wind 数据,以及生态环境部、智研咨询发布的《2021—2027 年中国工业固体废物综合利用行业市场全景调查及投资潜力研究报告》等,这些资料均可公开获得并查询。对于个别缺失数据,通过相关公开数据的查询和印证,并运用计量方法估算进行补充。

二、变量选择及设定

根据研究目的,本研究从资金、法律政策、科技三个维度构建工业固废资源化利用规制的投入指标;从工业固废产生、利用和工业产值三个方面构建产出指标,见表 5-1 所列。

1. 四个投入指标

工业固废治理投资完成情况,A1,单位万元,表示统计年度内工业固废治理项目的资金投资完成情况。该数据来源于《中国统计年鉴》中的"工业污染治理投资完成情况"。工业污染治理投资

表 5-1 工业固废资源化利用规制效率评价指标体系

综合指标	向量	指标类型	序号	指 标
工业固废资源化利用规制效率评价指标体系	投入	资金	A1	工业固废治理投资完成情况(万元)
		科研	A2	科研投入情况 R&D(万元)
		政策	A3	工业固废法律法规及政策数量(个)
			A4	工业固废法律法规及政策规制强度
	产出	工业产值	B1	工业增加值(亿元)
		工业固废利用	B2	工业固体废物综合利用量(万吨)
			B3	工业固体废物综合利用率(%)
			B4	工业固体废物处置量(万吨)

完成情况按照废水、废气、固废、噪声四类进行了项目投资完成情况的分类统计,在此取其中工业固废治理项目的投资完成情况数据。

科研投入情况 R&D,A2,单位万元,表示统计年度内全社会实际用于基础研究、应用研究和试验发展的经费支出,包括实际用于研究与试验发展活动的人员劳务费、原材料费、固定资产购建费、管理费及其他费用支出。该数据来源于《中国统计年鉴》中的"科研投入"项目。

工业固废法律法规及政策数量,A3,单位个,表示全国人大常委会、国务院及其职能部门出台的与工业固废资源综合利用治理有关的法律、法规、规划、政策的数量。法律及政策文件检索来自国家法律法规数据库、国务院政策文件库、北大法宝等专业数据库,整理筛选后,分年度统计了工业固废法律法规及政策出台颁布数量。

工业固废法律法规及政策规制强度,A4,该指标基于前一章政策法律量化分析的数据库,将纳入统计范围的政策法律文本按照规制强度的不同从 5 到 1 赋分,依次为法律文本 5 分、行政法规 4 分、党内法规 4 分、部门规章 3 分、部门工作文件 2 分、其他 1 分;之后,再将每年颁布出台的各项政策法律的规制强度分加总,形成当年的政策法律文本规制强度总和,以显示政策法律层级对应的规制强度情况。

2.四个产出指标

工业增加值,B1,单位亿元,表示工业企业在统计年度内以货币形式表现的工业生产活动的最终成果,是工业企业全部生产活动的总成果扣除了在生产过程中消耗或转移的物质产品和劳务价值后的余额,是工业企业生产过程中新增加的价值。该数据来自《中国统计年鉴》。

工业固体废物综合利用量,B2,单位万吨,表示通过回收、加工、循环、交换等方式,从固体废物中提取或者使其转化为可以利用的资源、能源和其他原材料的固体废物量,包括当年利用往年的工业固体废物累计贮存量,综合利用量由原产生固体废物的单位统计。该数据主要来自《中国统计年鉴》,其中 2017—2019 年数据来自生态环境部、智研咨询整理,智研咨询发布的《2021—2027 年中国工业固体废物综合利用行业市场全景调查及投资潜力研究报告》。

工业固体废物综合利用率,B3,单位％,表示工业固体废物综合利用量占工业固体废物产生量的百分率,计算公式为"工业固体废弃物综合利用率＝工业固体废弃物综合利用量/(工业固体废弃物产生量＋综合利用往年储存量)×100％"。该数据主要来自《中国统计年鉴》,其中 2016—2019 年数据来自生态环境部、智研咨询整理,智研咨询发布的《2021—2027 年中国工业固体废物综合利用行业市场全景调查及投资潜力研究报告》。

工业固体废物处置量,B4,单位万吨,表示将固体废物焚烧或者最终置于符合环境保护规定要求的场所,并不再回收的工业固体废物量,包括当年处置往年的工业固体废物累计贮存量在内。该数据主要来自《中国统计年鉴》,其中,2018 年数据缺失,以均值插补法计算后补充。

3. 数据处理

为了消除价格因素影响,以 2000 年为基期,工业增加值使用国家统计局公布的工业生产者出厂价格指数进行平减,工业固废治理投资完成情况使用居民消费价格指数 CPI 进行平减,计算公式如下:

$$x_t^* = \frac{x_t}{p_t^{2003}} \tag{5.4}$$

其中,x_t^* 为第 t 年的实际变量值,x_t 为第 t 年的名义变量值,p_t^{2003} 为以 2000 年为基期的平减指数。

表 5-2　变量描述性统计结果

	A1	A2	A3	A4	B1	B2	B3	B4
最大值	322 728.3	14 344.4	13.0	35.0	243 594.1	207 616.0	67.0	878 00.0
最小值	86 718.0	895.7	1.0	5.0	40 258.5	37 451.0	45.9	9 152.0
均值	166 281.2	6 096.6	5.1	16.1	131 759.5	137 535.5	58.3	52 474.9
标准差	59 651.9	4 268.2	3.2	9.5	66 873.8	62 711.8	5.2	25 572.5

三、效率测算结果与分析

本研究采用 DEA-SOLVER_Pro5.0 工具,导向选择投入导向,规模报酬依次设为不变规模报酬(CRS)和可变规模报酬(VRS),从而可以用两个模型的技术效率和纯技术效率进一步计算出规模效率。

表 5-3 是 2000—2019 年中国工业固废资源化利用规制的三个效率测算结果,纯技术效率 PTE 由导入向的 Super-SBM 模型在可变规模报酬 VRS 假定下求解得出,技术效率 TE 由导入向的

表 5-3　工业固废资源化利用规制效率测度结果

年份	PTE	TE	SE	规模收益状态
2000	1.258	1.171	0.930	递减
2001	1.416	1.408	0.995	递减
2002	1.035	1.035	0.999	递减
2003	1.043	0.895	0.859	递减
2004	1.033	1.030	0.997	递减
2005	0.937	0.921	0.983	递减
2006	1.053	1.052	1.000	不变
2007	1.011	1.008	0.997	递减
2008	1.798	1.586	0.882	递减
2009	1.000	0.692	0.692	递减
2010	1.000	1.062	1.062	递增
2011	1.031	0.658	0.638	递减
2012	1.011	0.771	0.763	递减
2013	1.000	1.073	1.073	递增
2014	1.000	1.001	1.001	不变
2015	1.076	1.024	0.952	递减
2016	1.000	0.518	0.518	递减
2017	1.073	1.069	0.997	递减
2018	1.641	1.568	0.956	递减
2019	1.000	1.035	1.035	递增

Super-SBM 模型在不变规模报酬 CRS 假定下求解得出,规模效率 SE 由 TE 和 PTE 相除后得到。

由表 5-3 现实的测度结果可知,技术效率中,2003、2005、2009、2011、2012、2016 年共 6 年是无效的,其中 2016 年效率最低;纯技术效率中,只有 2005 年是无效的;规模效率中,2006 年和 2014 年效率等于 1,处于规模收益不变状态,称为规模有效,说明这两年的投入量既不偏大也不过小,2010、2013、2019 年规模效率大于 1,处于规模收益递增,说明这三年都存在可以加大投入规模的空间,其余年份均处于规模收益递减状态,说明投入规模过大且没有充分资源转化利用。

图 5-1 是 2000—2019 年中国工业固废资源利用规制的技术效率图,可以看出,2001、2008、2018 年的效率明显比其他年份高,其中 2008 年最高,效率为 1.586。与前一章有关规制强度的量化分析结果对比可以看出,在规制强度高的年份,规制效率也较高,在一定程度上表明政策法律的强制力在提高规制效率方面具有正相关性。

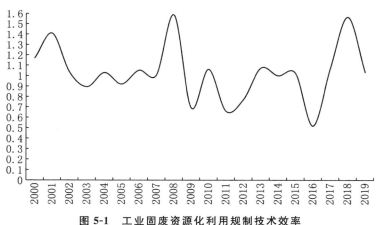

图 5-1　工业固废资源化利用规制技术效率

表 5-4 是 Super-SBM 模型在 CRS 假定下的各指标松弛变量测算结果。对于投入指标,其松弛变量是 s^-,表示相同产出下的投入冗余;对于产出指标,其松弛变量是 s^+,表示相同投入下的产出不足。由于模型是投入导向,所以投入指标上每年都测量出一定大小的松弛变量,产出指标上只有技术无效的年份才有松弛变量值,即 2003、2005、2009、2011、2012、2016 年。通过表 5-4 显示的测度结果可知:

2003 年,投入指标中 A3、A4 出现冗余,即工业固废法律法规

表 5-4　各指标松弛变量测度结果

年份	投入冗余 Excess					产出不足 Shortage		
	A1	A2	A3	A4	B1	B2	B3	B4
2000	47 015.33	244.28	0	0	0	0	0	0
2001	0	1 492.49	0.19	0	0	0	0	0
2002	25 466.88	0	0	0	0	0	0	0
2003	0	0	0.54	2.65	0	1 450.51	0.72	1 300.59
2004	0	210.44	0	0.03	0	0	0	0
2005	28 765.77	0	0.26	0.25	306.61	2 248.41	0	0
2006	0	578.54	0	0	0	0	0	0
2007	0	102.20	0	0	0	0	0	0
2008	94 243.61	3 067.51	0.67	1.48	0	0	0	0
2009	0	544.28	1.88	5.41	1 241.96	0	4.90	6 559.75
2010	14 933.47	668.67	0	0	0	0	0	0
2011	0	0	5.01	16.31	24 284.77	0	36.98	6 098.31
2012	0	0	2.89	13.52	15 998.85	0	22.33	9 889.17
2013	11 014.39	1 590.57	0	0	0	0	0	0
2014	0	53.41	0	0	0	0	0	0
2015	2 786.08	731.42	0	0	0	0	0	0
2016	137 406.70	519.58	5.14	18.02	0	0	17.70	7 481.75
2017	18 686.43	740.50	0	0	0	0	0	0
2018	1 045.59	331.29	1.74	8.21	0	0	0	0
2019	15 599.46	0	0	0	0	0	0	0

及政策数量和规制强度出现了冗余,工业固废法律法规政策数量的冗余量较小,而相应的规制强度略大;产出指标中 B2、B3、B4 产出不足,即工业固废综合利用量、综合利用率和处置量的提升量不足,说明规制之下的工业固废综合利用水平在同等投入下仍有提高空间。

2005 年,投入指标中 A1、A3、A4 出现冗余,即工业固废治理投资完成情况、法律法规及政策数量、规制强度出现冗余。其中,A1 的冗余相对其他指标较大,说明工业固废治理投资有 28 765.77 万元没有被有效利用,产出指标中 B1、B2 产出不足,即工业增加值和工业固废资源综合利用量产出不足。其中,B1 的不足量较小,B2 的不足量较大,有效状态下,预计工业固废利用量会多 2 248.41 万吨,结合表 5-3 可知,这一年无效的原因主要是纯技术效率,表明当年的固废利用技术水平较低。

2009 年,投入指标中 A2、A3、A4 出现冗余,说明科研投入和规制强度都略大。产出指标中 B1、B3、B4 产出不足,其中 B4 的不足相对较大,说明工业固废在同等投入下有 6 559.75 万吨可以进一步处置。

2011 年和 2012 年情况类似,都是 A3、A4 投入冗余,B1、B3、B4 产出不足,其中,主要是工业增加值 B1 的不足量较大,说明过大的规制强度影响了工业增加值的增长。

2016 年,四个投入指标都有冗余,其中 A1、A4 冗余较大,说明固废治理投资的投入有 137 406.70 万元没有有效利用,规制强度也较大。B3、B4 产出不足则说明固废综合利用率和处置量都有提升空间。

第三节　规制效率影响因素分析

我国工业固废的资源化利用受到政治、经济、社会、资源、环境、科技等各个方面的影响,本节将运用分段回归模型,选取六个相对重要的影响因素,并将其与上节测算的工业固废资源化利用规制效率值相结合,对我国工业固废资源化利用规制效率的影响因素进行分析。

一、影响因素指标选取

影响因素预计从政府支持、产业规模、资源消耗、科研投入、生态环境几大方面选取,考虑工业固废资源化利用规制的适用性和指标数据的可获得性,选取了以下六个指标构成影响因素体系,见表5-5。

表5-5　工业固废资源化利用规制效率影响因素指标表

指标类别	指标名称	指标符号
政府支持	节能环保支出(亿元)	C1
产业规模	废弃资源综合利用业企业单位数(个)	C2
资源消耗	能源消费弹性系数	C3
科技投入	自然科学技术人员比重(%)	C4
	环境保护与资源综合利用技术市场成交合同金额(万元)	C5
生态环境	城市绿化面积(公顷)	C6

(1)政府支持。有针对性地选择财政支出中的分项——节能环保支出,该指标可表示政府对工业固废资源化利用的支持力度。2007—2019年数据来源于《中国统计年鉴》。

(2)产业规模。废弃资源综合利用业的相关核算在《中国工业统计年鉴》中有具体数据,我们选取废弃资源综合利用业的企业单位数代表工业固废资源化利用的产业规模。2003—2019年数据来源于《中国工业统计年鉴》。

(3)资源消耗。选取能源消费弹性系数作为资源消耗指标。能源消费弹性系数反映能源消费增长速度与国民经济增长速度之间比例关系。计算公式为:能源消费弹性系数＝能源消费量年平均增长速度/国民经济年平均增长速度。2000—2019 年数据来源于《中国统计年鉴》。

（4）科技投入。科技投入类指标既选取了代表人才投入的自然科学技术人员占从业人员的比重,也选取了代表资金投入的环境保护与资源综合利用技术市场成交合同金额。自然科学技术人员比重＝（自然科学技术人员人数/科研人员总数）×100％。2000—2018 年自然科学技术人员人数和科研人员总数数据和2006—2019 年环境保护与资源综合利用技术市场成交合同金额数据均来源于《中国工业统计年鉴》。

（5）生态环境。生态环境因素对工业固废资源化利用起到激励作用,选取城市绿化面积代表生态环境因素。2000—2019 年数据来源于《中国统计年鉴》。

二、数据处理

指标数据选取时间段为 2000—2019 年,但是除了能源消费弹性系数和城市绿化面积,其他影响因素指标数据均有不同程度的缺失。数据缺失会影响数据分析的质量和模型估计的准确性,因而需要对缺失数据进行预处理。

缺失数据的处理方法主要包括删除法和插补法。删除法是删除缺失数据。插补法是增补填补数据,使数据集完整,确保研究的数据样本量充足。插补法可以分为单一插补和多重插补。单一插补指一次完成一个缺失值的插补,是确定性的插补值。多重插补法考虑了缺失数据的不确定性,建模产生缺失数据的多个数据集,最后确定的插补结果是综合处理多个数据集后的推断结果。多重插补法中的建模方法有线性回归预测、贝叶斯线性回归、Bootstrap 线性回归、分类回归树等。插补法中的插补模型一般都需要借助未缺失数据的辅助变量。

　　我们使用 R 语言对各指标缺失数据进行插补,根据缺失情况和数据表现选择不同的插补方法,详见表 5-6。表 5-6 中,自然科学技术人员人数和科研人员总数补齐 2019 年缺失值后,两者相比再计算得到自然科学技术人员比重的 2019 年插补值。辅助变量中,全国技术市场成交合同金额数据来源于《中国工业统计年鉴》,高技术产业企业数据来源于《高技术产业年鉴》,财政支出数据来源于《中国统计年鉴》。

表 5-6　各指标的插补方法一览表

指　　标	缺失年份	插补方法	辅助变量
环境保护与资源综合利用技术市场成交合同金额	2000—2005	回归插补法	全国技术市场成交合同金额
废弃资源综合利用业企业单位数	2000—2002		高技术产业企业数
自然科学技术人员人数	2019	多重插补法(贝叶斯线性回归)	时间变量
科研人员总数	2019		时间变量
节能环保支出	2000—2006	多重插补法(Bootstrap 线性回归)	财政支出

三、模型构建与实证分析

1. 模型构建

　　2000 年至今,我国工业固废治理先后经历了循环经济与可持续发展理念指引下的贮用结合阶段,生态文明建设过程中转向以用为主的资源化利用阶段。从规制强度来看,工业固废资源化利用在 2000 年到 2019 年间也发生了比较明显的变化(见图 5-1)。本节以引入虚拟变量的方法构建分段线性回归,检验并量化不同阶段各因素对规制效率的影响。工业固废资源化利用规制效率影响因素模型为：

$$TE_t = \beta_0 + \beta_1 X_{1t} + \cdots + \beta_k X_{kt} +$$
$$\alpha_0 D_t + \alpha_1 X_{1t} D_t + \cdots + \alpha_k X_{kt} D_t + \mu_t \quad (5.5)$$

时点虚拟变量设置为：$D_t = \begin{cases} 1 & t \leqslant t^* \\ 0 & t > t^* \end{cases}$　$t = 2000, \cdots, 2019$

其中，TE_t 为规制技术效率，$X_{1t}, \cdots, X_{kt}$ 是模型解释变量，分别是节能环保支出 C1、废弃资源综合利用业企业单位数 C2、能源消费弹性系数 C3、自然科学技术人员比重 C4、环境保护与资源综合利用技术市场成交合同金额 C5、城市绿化面积 C6。

虚拟变量 D_t 的时间节点 t^* 是常数，$t^* \in (2000, 2019)$。

2. 变量描述统计分析

模型中各变量插补后数据基本统计信息见表 5-7。

表 5-7　各变量的描述统计分析

变量	均值	中位数	标准差	最小值	最大值	N
TE	1.029	1.032	0.269	0.518	1.586	20
C1	2 562.472	2 188.010	2 269.956	7.880	7 390.200	20
C2	957	1 126	625.80	95	1 907	20
C3	0.679	0.535	0.404	0.190	1.660	20
C4	31.563	31.930	3.549	23.847	36.665	20
C5	4 630 115.20	2 582 588.65	4 713 592.584	475 615.60	16 234 919.27	20
C6	192.6	206.4	78.95	35.62	315.3	20

3. 单位根检验

时间序列变量回归前需要进行 ADF 单位根检验，确保变量的平稳性防止伪回归。ADF 检验结果如表 5-8 所示。

规制效率 TE 和自然科学技术人员比重 C4 的原序列通过平稳性检验，均是 I(0) 序列。废弃资源综合利用业企业单位数 C2、能源消费弹性系数 C3 和城市绿化面积 C6 均是差分后平稳，是

工业固体废物资源化利用研究

表 5-8　ADF 检验结果

变量	检验形式	ADF 检验值	P 值	检验结果
TE	(C, 0, 4)	−4.406	0.003	平稳 ***
C1	(C, 0, 4)	4.804	1.000	不平稳
ln C1	(C, 0, 4)	−2.227	0.206	不平稳
dln C1	(C, 0, 4)	−3.680	0.017	平稳 **
C2	(C, 0, 4)	−0.227	0.919	不平稳
dC2	(C, 0, 4)	−3.989	0.007	平稳 ***
C3	(C, 0, 4)	−1.409	0.556	不平稳
dC3	(C, 0, 4)	−4.878	0.002	平稳 ***
C4	(C, 0, 4)	−3.056	0.051	平稳 *
C5	(C, 0, 4)	5.583	1.000	不平稳
ln C5	(C, 0, 4)	−0.123	0.933	不平稳
dln C5	(C, 0, 4)	−5.751	0.000	平稳 ***
C6	(C, 0, 4)	−1.629	0.448	不平稳
dC6	(C, 0, 4)	−5.385	0.001	平稳 ***

注：*、**、*** 分别表示在 10%、5%、1% 的显著性水平下通过检验。

I(1) 序列。节能环保支出 C1 和环境保护与资源综合利用技术市场成交合同金额 C5 的原序列和对数处理后的序列都不平稳,对数差分后的序列 dln C1 和 dln C5 通过平稳性检验。

4. 模型估计与检验

为了防止伪回归,我们将把各变量的平稳序列代入模型 (1) 进行估计。对虚拟变量 D_t 的时间节点 t^* 代入不同的年份,经过多次反复回归,考虑模型整体显著性和交互项显著性的结果,最终确定 $t^* = 2011$。模型估计结果见表 5-9。

在 STATA 软件中进一步对虚拟变量进行显著性检验,原假设为六个交互项系数均为零,检验的 F 统计量 $F(6, 5) = 4.69$,相应的检验概率为 $Prob > F = 0.055\ 6$,结果表明在 10% 的显著性水

表 5-9　分段模型回归结果

变量	系数	标准误	变量	系数	标准误
常数项	3.734	2.305	D	−2.686	2.441
dln C1	2.752**	0.884	D * dln C1	−2.443**	0.892
dC2	0.002	0.001	D * dC2	−0.000 4	0.001
dC3	1.478**	0.544	D * dC3	−1.293*	0.590
C4	−0.094	0.068	D * C4	0.087	0.072
dln C5	−0.688	0.695	D * dln C5	1.278	0.748
dC6	0.013**	0.004	D * dC6	−0.022**	0.005
样本量	19		R^2	0.912	

注：*、**、*** 分别表示在 10%、5%、1%的显著性水平下通过检验。

平下,拒绝原假设,虚拟变量具有显著影响,说明规制效率回归模型在 $t^* =2011$ 点处的分段是合理的。

由表 5-9 可知,$R^2 =0.912$,模型整体拟合程度优良。模型在 $t^* =2011$ 点处的分段,所以可以分别从 2000—2011 年、2012—2019 年两阶段分析估计结果。表 5-9 左半边六个指标的系数代表 2012—2019 年的影响系数,表 5-9 右半边六个交互项的系数代表两个阶段影响系数的差值,两个系数之和代表 2000—2011 年的指标影响系数。

(1) 节能环保支出:dln C1 的系数为 2.752 且通过显著性检验,交互项 D * dln C1 的系数为−2.443,也通过显著性检验,说明 dln C1 对规制效率始终有显著正向影响,并且在 2011 年前后对规制效率的影响程度有显著变化。在 2000—2011 年 dln C1 对规制效率的影响系数为 0.309,在 2012—2019 年 dln C1 对规制效率的影响系数为 2.752,比前一阶段大幅度增强。dln C1 可理解为节能环保支出的增长率,正向影响系数表明,节能环保支出的增长率越高则规制效率越大。节能环保支出从一个侧面也表现出:治理目标引导下的治理强度加大,由此引发的投入支出也随之扩大。

(2)废弃资源综合利用业企业单位数:dC2 的系数和交互项 D * dC2 的系数都没有通过显著性检验,说明废弃资源综合利用业企业单位数对规制效率的影响比较微弱,且在这两个阶段的影响程度均没有明显差异。这在一定程度上表明,利废企业的规模尚不能对规制效率产生显著影响,其推动市场和产业发展的力量较弱,亟待进一步从规模、数量、技术能力等方面提升发展质量。

(3)能源消费弹性系数:dC3 的系数为 1.478 且通过显著性检验,交互项 D * dC3 的系数为－1.293,也通过显著性检验,说明 dC3 对规制效率始终有显著正向影响,并且在 2011 年前后对规制效率的影响程度有显著变化。在 2000—2011 年 dC3 对规制效率的影响系数为 0.185,在 2012—2019 年 dln C1 对规制效率的影响系数为 1.478,比前一阶段明显增强。dC3 可理解为能源消费弹性系数的增量,正向影响系数表明,能源消费弹性系数的增量越大则规制效率越高。我国能源消费结构中,工业的能源消费占比非常大,工业能源消费的变化与工业固废产生量之间存在显著的正相关性。

(4)自然科学技术人员比重:C4 的系数和交互项 D * C4 的系数都没有通过显著性检验,说明自然科学技术人员比重对规制效率的影响比较微弱,且两个阶段的影响程度没有明显差异。

(5)环境保护与资源综合利用技术市场成交合同金额:dln C5 的系数和交互项 D * dln C5 的系数均没有通过显著性检验,这说明环境保护与资源综合利用技术市场成交合同金额对规制效率没有显著影响,且两个阶段的影响程度没有明显差异。

(6)城市绿化面积:dC6 的系数为 0.013 且通过显著性检验,交互项 D * dC6 的系数为－0.022,也通过显著性检验,说明

dC6 对规制效率始终有显著影响,并且在 2011 年前后对规制效率的影响程度有显著变化。在 2000—2011 年 dC6 对规制效率的影响是负向,系数为 -0.009,在 2012—2019 年 dln C1 对规制效率的影响是正向,系数为 0.013。dC6 可理解为城市绿化面积的增量,因此,在 2000—2011 年,城市绿化面积的增量越大则规制效率越低,在 2012—2019 年,城市绿化面积的增量越大则规制效率越高。城市绿化面积与规制效率之间存在边际效应,以 2012 年为分界点,之前的相关投资都实际投入了城市绿化中,因而 2000—2011 年,城市绿化面积的增量越大,投资溢出到工业固废资源化利用方面就越少,体现为工业固废的资源化利用的规制效率也越低。当 2012—2019 年,城市绿化面积的增量越大,投资溢出到工业固废资源化利用领域的规模也越大,表现出相应的规制效率也越高。这反映了不同发展阶段,规制效率变化的特点。

本 章 小 结

基于前一章的量化分析结果,运用数据包络分析法,选取投入和产出指标,构建 Super-SBM 效率测算模型,针对技术效率、纯技术效率和规模效率进行分析得出:2001、2008、2018 年的技术效率明显高于其他年份,其中 2008 年最高。与规制强度量化分析结果对比,规制强度高的年份规制效率也较高。这在一定程度上表明政策法律强制力在提高规制效率方面具有正相关性。同时,现实中工业固废资源化利用受到政治、经济、社会、资源、环境、科技等各个方面的综合影响,运用分段回归模型,进一步对规制效率的影响因素进行分析得出:节能环保支出增长率越高则规制效率越高,废弃资源综合利用业企业单位数对规制效率的影响比较微弱,且两个阶段的影响程度没有明显差异;环境保护与资源综合利用技术市场成交合同金额对规制效率没有显著影响;自然科学技术人员比重对规制效率的影响比较微弱；能源消费弹性系数的增量越大，则规制效率越高。未来，在以提高规制效率为目标的策略调整中，要关注到影响因素对规制效率的影响，进而从影响因素视角入手，开展有针对性的有效规制，切实提高规制效率。

第六章

工业固废域外治理经验及制度启示

推进工业化的各个国家都曾经或正在经历着工业固废问题。20世纪七八十年代，发达国家固废治理领域逐渐形成了资源化利用工业固废的理念，推动工业领域进一步向着循环经济方向发展。目前，发达国家已经走过了传统工业化最为灰暗的阶段，不断完善的工业固废治理体系，以及全社会的共同参与和努力，使以德国和日本等为代表的国家及地区由先污染后治理的发展路径，成功跨越环境库兹涅茨倒 U 形曲线拐点，工业固废治理取得了显著的成效。随着这些国家工业化和城市化步入平稳期，可持续发展理念指引下的循环经济也推进到了循环社会阶段，与不同发展阶段相适应的、各国形成的治理体系和有益经验，值得考察借鉴。

第一节 德 国

作为循环经济理念的起源地，身处欧洲的德国，社会普遍对循环经济和绿色发展有很强的理念认同，如同其积极引领应对气候变化的碳减排行动一样，德国在欧盟政策框架下，为循环社会最高层次目标的实现制定了实施战略。

一、德国固废概况

早期欧洲发展循环经济主要从废弃物治理角度入手，以降低固废对环境的不良影响为目的。以德国为例,19 世纪 80 年代初,德国固废问题愈加突出,其中工业固废产量是生活垃圾产量的 7 倍(赵子佩,1990)。德国由此开始关注并积极践行和发展以"闭环管理"为核心理念的循环经济,是最早开展循环经济立法的国家。在某种程度上可以认为,循环经济理念实际上源起于固废问题。德国最初的固废治理延循了传统工业化进程中以污染防治为目的和导向的末端治理路径。

20 世纪 80 年代后,德国废物管理的战略指导思想开始由早期的单纯处理转变为综合施治,重视源头控制和资源化综合利用,进而实现有效控制污染和回收利用资源的目的,从根本上扭转了废物管理的内涵。治理的核心理念强调了以下几点:一是要开展资源保护,从源头上尽可能避免和减少产生不必要的废弃物;二是要从全生命周期的维度尽可能有效地资源化利用废弃物,减少排放;三是要将经过处理的废弃物进行无害化处置填埋,未经处理的固废不得直接填埋。这一时期还发生了两次全球石油危机,给德国经济社会发展带来深刻影响,迫使其开始关注固废焚烧过程中的能源回收问题,有效提高了物质和能源的回收利用。从固废焚烧过程中获取和利用再生能源,挖潜国内能源供给,也已成为德国能源供给的重要组成部分。此外,德国作为重要的欧盟成员国,在欧盟政策框架体系下遵循相关区域政策法令,并在某些方面做出了比欧盟更为严格的规定。2008 年,欧盟提出要发展循环经济,经济增长应由线性增长转向循环型增长,在提高资源效率的同时,实现经济绿色低碳转型发展,实现资源消耗与经济增长脱钩。2015 年 12 月,欧盟进一步提出了循环经济一揽子计划①,并由此搭建起了欧盟发展循环经济的新的战略构想。德国也相应修改调整了国内政策法律,以确保与欧盟政策

---

① 包括四项废物管理立法修正建议、一个完整的行动计划及后续行动清单。

体系保持一致。

经过几十年的发展,在相关政策法律制度的推动下,以德国为代表的欧洲工业固废资源化利用水平已经得到了显著提高。2000年左右,德国煤矸石总体利用率已经达到90%以上,以采空区填充和制备建筑原材料及产品为主要利用路径;矿渣水泥占市场总销量的30%,并被规定用于特定领域;冶金渣则已在土建、农肥、配入烧结等方面广泛利用,基本实现利用;磷石膏主要用于生产建材,如石膏粉、石膏板等。对于暂时无法利用的工业固废设置临时贮存场地。在发展循环经济过程中,德国逐渐发展形成并完善了五级废弃物处理优先顺序,即"源头预防—再利用—回收—再生利用—处置",以确保固废得到切实有效治理,并就此形成了以废物为资源、获取原料和能源的资源管理系统,而不再仅仅单纯是固废污染治理系统,实现了治理目标及理念的系统性转变。

二、政策立法概述

自1972年开始,德国开始固体废物方面的相关立法,一直积极致力于废弃物治理,先后出台的主要政策及法律有《废弃物处理法》《废弃物限制及废弃物处理法》《包装废弃物处理法》《物质封闭循环与废弃物管理法》等。

1972年,德国出台了《废弃物处理法》,最初采取了"关闭无人管理的废物垃圾场、污染者付费、废弃物无害化规范化处理等措施"对固废进行最初的末端管控治理(陈雅芝,2019)。但随着垃圾焚烧和填埋带来诸多环境问题,以及公民环境保护意识觉醒后开始强力抵制焚烧填埋等末端治理手段,政府环境管理政策的指导思想开始被迫发生转变。

1986年,德国修订了《废弃物处理法》,并颁布了新的《废弃物限制及废弃物处理法》,规定了垃圾减量、回收、回用的一般义务等内容,主导思想从"怎样处理废弃物"提高到"怎样避免废弃物的产生",将避免废弃物产生作为废物管理的首要目标,强调从源头上减少和避免废弃物的产生。自此,德国固废治理从末端治理向着以源头预防和控制为主转型。

1991 年,德国遵循循环经济理念颁布了《包装废弃物处理法》,并在 1998 年和 2005 年进行了两次修订。该条例依照"资源—产品—资源"的循环经济原则明确了生产者和经销商对产品包装的责任,也即制造者必须负责回收包装材料或委托专业公司回收,实现了包装材料上所附义务不随商品流转而转移的目标,从法律上确保了包装材料的充分回收利用。这也是"生产者责任延伸"概念首次在国家立法层面提出和体现。

1996 年,德国颁布的《物质封闭循环与废弃物管理法》经两年过渡期后生效,并在世界范围内产生了广泛的影响。该法案强调了三个重要原则:第一,废物要减量化,特别是要降低废物的产生量和有害程度;第二,废物要资源化,要考虑其作为原料或能源予以再利用;第三,只有在当前技术经济条件下固废"无法被再利用时,才可以在保障公共利益的情况下",进行"在环境可承受能力下的安全处置"(李金惠等,2017)。以此法的出台为标志,循环经济概念首次在一个国家的法律中被明确提出。这部法律将废物处理上升到循环经济发展的战略高度,明确了废弃物各个环节的责任主体及其应当承担的义务和产品责任,将生产和消费环节作为一个整体看待,以确保循环经济系统的完整全面和对废弃物的全面规制。这是一个非常重要的转变,从生产到消费,全系统的资源减量和综合利用才是有意义和可持续的。生产与消费阶段的割裂,会使得生产阶段的资源综合利用受到各种局限,阻碍综合利用的空间和可能性。

2012 年,德国出台新的《循环经济法》,旨在执行欧盟第 2008/98 号《废弃物框架指令》(Directive 2008/98/EC)规定的义务责任,进一步创新发展了 1996 年生效的《物质封闭循环与废弃物管理法》。该框架指令是欧盟关于废弃物处理的基础法律框架,明确提出要落实废弃物管理优先原则,即预防、循环前准备、循环利用、处理过程中能源回用和最终处置的优先级依次递减。指令对"废弃物""副产品""再循环利用""能源回收"和"废弃物终端"等概念给出了明确定义,通过选择适当的废弃物处置技术手段,向促进再利用和再循环利用、推动有机废弃物分类收集以及实现延伸的生产者责任提出了要求。指令中还规定了实现再利用和再循环利用的具体目标和时间表,确保了政策逐步落实的可实现性。德国新《循环经济法》就是要贯彻该指令的相关规定与要求。同时,该法还与 2012 年德国联邦政府通过的《德国资源效率计划》进行了有效衔接,确保了目标协同与一致,努力在切断资源使用与经济增长间的正相关关系,使经济增长与资源使用脱钩,从而减少经济增长对环境的影响。

2015 年,首个《欧洲循环经济行动计划》发布,旨在刺激欧洲从线性经济向循环经济过渡,同时创造新的就业岗位与途径,促进可持续增长。欧洲领跑循环经济和气候变化行动,一方面是为了实现可持续发展,另一方面则是想在未来最大限度获得因发展循环经济和推动气候变化产生的红利。2016 年,400 多万工人参与循环经济相关的就业岗位,相比 2012 年增长约 6%。建立二级资本市场会进一步创造新的就业岗位。循环产业发展带来了新的商机,在欧盟内外催生了新的商业模式,也开拓了新的市场。2016 年,维修、再利用或回收等循环行业为欧盟国家创造了近 1 470 亿欧元的增加值,同时引入了约 175 亿欧元的投资(谢海燕,2019)。2019 年的实施报告显示,该计划拟订的 54 个具体的行动已经完成或正在执行中,这使得在重塑欧洲经济、实现碳中和的循环经济道路上取得了初步成果。

2020 年,欧盟发布了最新的《欧洲循环经济行动计划》(EU

Circular Economy Action Plan)，目标是确保建立起合理有效的制度，加快推进欧洲绿色转型，同时将民众和企业承受的负担降至最低。该计划提出了一系列相互关联的倡议，旨在打造一个一致且强有力的"产品政策框架，使可持续产品、服务和商业模式成为规范，转变消费模式，避免产生废弃物。此产品政策框架将优先处理关键产品价值链"（滕婧杰等，2021）。欧盟委员会还将推行进一步的减废措施，确保欧盟拥有运行良好的内部优质再生原料市场，其处理本区域内废弃物的能力也将得到增强。该计划确保循环经济为人、地区和城市服务，全面促进气候中和，发挥研究、创新与数字化的潜力，并努力推动经济主体、消费者、公众和民间组织等多元主体共同联合，努力创造一个更加绿色的欧洲。

三、制度评述

欧盟一直积极倡导和践行循环经济，并引领全球循环经济发展。循环经济代表着可持续发展模式，也将会在实现公平、应对气候变化、实现碳中和、资源节约方面带来新的商机，并创造新的就业机会。目前，欧盟已经形成的有关固废治理的主要制度包括：

一是建立"废物分级"处理制度。欧盟废物管理战略确立了"废物分级"的处理体系，该制度的核心是对废物分类分级利用的处置顺序进行了明确的立法安排，即遵循"防止产生—再利用—回收—再生利用—处置"的五级处置安排。明确的分类分级利用处置顺序，一方面可以明确指引企业针对产生的固废如何进行下一步工作，另一方面从流程上全面实现对固废的管控，并在最末端的处置条件设计严格门槛，倒逼利用环节，推动循环利用和再利用，切实实现填埋处置量的减量。

二是积极开展和推动全生命周期生态设计。注重从全生命周期的系统视角开展循环设计和工艺改善，对于确保产品循环性至关重要。随着《2016—2019年生态设计工作计划》（Ecodesign

Working Plan 2016—2019)的实施,欧盟委员会进一步推动了产品的循环设计以及能效目标。要求在产品设计过程中,"提升产品耐用性、重复使用性、可升级性和可修复性,使用再生材料代替一次原料,限制一次性产品使用和过早淘汰产品,禁止销毁未售出的耐用品,奖励可持续高性能产品"(崔永涛,2021)。针对多种产品的生态设计和能效标识制度采取具体措施,例如产品备件的可用性、易于维修性以及产品报废处理性能。要求在生产过程中,修订制造网络报告认证体系、资源追溯体系、环境技术验证体系等,支持循环产业发展。此外,作为影响欧盟从线性经济向循环经济转型过渡能否成功的核心关键——中小企业,欧盟委员会有专门机构帮助其提升资源利用效率和改进产品工艺(丁爽等,2020)。

三是强调生产者责任,多元主体深度参与。德国工业固废处置责任主体为生产者,为了实现固废减量的目的,在实施生产者责任延伸制度过程中,德国政府综合运用强制型和激励型治理工具要求生产者承担相应的责任和义务。新行动计划能否成功实际上仍取决于欧盟各成员国、主流环保组织和广大公众的共同支持和配合。利益相关方深度参与以及消费者理念转变对于由线性经济向循环经济过渡至关重要。德国及欧盟各国在战略层面确立了积极引导利益相关方深度参与的原则,同时赋予消费者更多选择权,推动绿色消费模式的形成。《欧洲循环经济行动计划》给公共权力、经济主体提供了基本框架用于培育在产品价值链的相关利益方的关系,并引起了国家范围内关于循环经济的讨论且大部分的成员国已经采用或者正在采用向循环经济过渡的国家战略。欧洲循环经济利益相关方平台(European Circular Economy Stakeholder Platform)集合了众多有关循环经济的网络和方案。在实施该平台的第一年就已经收集和传播了超过300个循环经济最佳案例、策略和报告。此外,在赋权消费者方面,计划在协助消费者获取产品可修复性和耐用性等信息方面做出了努力,确保消费者享有真正"维修权",以此协助消费者改变消费模式。如欧盟委员会制定的产品环境足迹(Product Environmental Footprint, PEF)和组织环境足迹(Organization Environmental Footprint, OEF)方法可以使公司制定可信且具有可比性的环境声明,并使消费者根据有效信息做出选择。

四是建立了促进创新投资和金融支持制度。创新投资和金融可加快由线性经济向循环经济的过渡,使工业基础更适应新的经济模式的转变。2016—2020 年间,欧盟已逐步在公共经费支出中投资超 100 亿欧元,主要来自"地平线 2020(Horizon 2020)"(约14 亿欧元)、"凝聚政策(Cohesion Policy)"(约 71 亿欧元)、融资机构(如欧洲战略投资与创新基金,European Fund for Strategic Investments and Innovfin)(约 21 亿欧元)以及欧盟 LIFE 计划等[①],投资经费用于向循环经济模式转变。循环预计将对创造就业产生净积极效益,前提是相关工作人员掌握了绿色转型所需的技能。通过支持绿色转型和加强社会融入之间的互惠互利,尤其是根据行动计划落实"欧洲社会权支柱",可进一步发挥社会经济的潜力,率先创造与循环经济相关的工作岗位。欧盟委员会要确保其为支持技能和创造就业而开发的工具,"推动教育和培训体系、终身学习以及社会创新领域的进一步投资"(廖虹云,2020)。金融创新与支持也非常重要,欧盟积极利用各类融资工具和基金支持地方层面的必要投资。欧盟还将加强对企业环境数据披露的要求,支持企业制定以循环经济表征数据作为财务数据补充的环境核算原则,鼓励将可持续性标准融入企业战略,修订环境和能

① European Commission, 2019. Report from the commission to the European parliament, the council, the European economic and social committee and the committee of the regions On the implementation of the Circular Economy Action Plan.

源领域的国家援助指导方针,继续鼓励更广泛地运用经济工具等。

五是设立清晰的目标和行动计划推进实施,并强化绿色公共采购。当前,欧洲大多数国家已经针对固体废弃物资源化和垃圾填埋的减量化设定了目标,并制定了有效的策略以满足这些目标(滕婧杰,2020)。首先,强化废弃物源头防控,聚焦资源消耗大且具有资源循环潜力的重点行业,加强废弃物循环利用。推进废弃物源头防控的关键在于实行可持续产品政策和立法,如更好地实施欧盟废物法律等;同时设定具体废弃物总量减少目标,"到2030年实现市政不可回收垃圾减少一半,加强成员国废弃物收集体系标准协调"(崔勇涛,2021)。其次,建立运行良好的欧盟再生原料市场,对产品中再生成分含量提出要求等,将有助防止再生原料的供求比例失衡,保障欧盟回收利用行业的顺利扩张。再次,强化公共绿色采购。为了更好的发展再生原料市场,欧盟委员会和欧洲标准化组织提出了一套标准化工艺和标准化分析过程。对于再生产品及原料,积极引入最低的强制性绿色公共采购规范与目标,分阶段引入强制性申报程序,以监督绿色公共采购的应用情况,同时避免让公共采购者承担不合理的行政负担,实施"绿色公共采购"。

六是通过研究、创新和数字化推动转型。数字技术可以追溯产品、零件和材料的行程,确保数据成果的可靠访问,从而提高管理系统的效用。未来数字化将会赋能循环经济,尤其固废资源化管理。欧洲区域发展基金(European Regional Development Fund)主导的智能专业化、LIEF计划和地平线欧洲计划(Horizon Europe)将作为私人创新资助的补充,在整个创新周期内提供支持,以期将解决方案投放市场。

综上所述,新行动计划涉及生产、经营、消费的方方面面,需要全社会共同努力。制造商需要摒弃"购买—使用—废弃"的设计理念,更注重维修和回收;消费者需要改变消费习惯,减少浪费行为；企业可以探索循环发展的新业务；监管机构需要确保消费者对产品循环利用的权利，同时重点对部分产业部门开展监督。由此，欧盟在推进循环经济过程中还能实现关于气候变化和"碳中和"的目标，逐步在循环和温室气体减排之间形成协同效应，加速经济的绿色转型。

第二节　日　　本

从世界范围来看，日本的废弃物管理起步也比较早，已经形成了较为系统和完善的管理体系。日本是一个注重细节和目标落实的国家，尤其在目标设定与任务分解方面做得非常细致，实施计划的制订与推进也是一步一个脚印，层层递进。受资源禀赋的局限，在资源综合利用方面，日本在技术及制度方面都努力做到最好，将经济价值挖掘到了极致。从 2000 年开始，日本推动循环型社会建设，已经坚持了 20 年，并在国家和地方政府积极引领、产业界和民众的积极参与下，取得明显成效。

一、日本固废概况

20 世纪六七十年代，随着日本经济快速发展，发生了多起环境公害事件，引起了日本民众和政府的高度重视。20 世纪 70 年代，两次石油危机的影响也引起了日本社会对资源节约问题的再思考。在固废污染环境和能源瓶颈的双重制约下，发展循环经济在当时的日本社会形成了广泛共识。在此背景下，"日本开始转变线性发展模式，对废物进行科学处理，提高废弃物的再使用比例和资源化利用比例，促进了 20 世纪 80 年代静脉产业的发展"（张宝兵，2013），最大限度地实现了废弃物的再生回收利用，在抑制废弃物排放、节约废弃物填埋资源等方面取得了积极进展。

日本城市固体废弃物统计口径中,废弃物被分为产业废弃物和一般废弃物两类。产业废弃物也就是工业固废,是工业生产活动中产生的废弃物。一般废弃物是指除工业废弃物外的其他废弃物。但产业废弃物和一般废弃物中"具有爆炸性、毒性、感染性及其他可能危害人体健康或者生活环境性状的废弃物为特别管理的产业和一般废弃物"(林斯杰等,2019)。如针对产业废弃物中含 Hg、Cd、Pb、Cr(VI)、As 及其化合物以及有机磷化合物、氰化物、PCB、三氯乙烯、四氯乙烯超过判定标准时为"特别管理产业废弃物",对于这些废弃物法律上规定了特别的处置标准(李国刚,1998)。2000 年到 2007 年,随着垃圾分类回收和循环利用的进展,循环型社会构建的推进,以及产业结构的变化和经济波动,日本的废弃物最终处理量明显下降,尤其一般废弃物中的厨房垃圾、废纸,产业废弃物中的污泥、橡胶的排放量呈下降趋势。

1987 年,日本产业废弃物总排出量约 2.5 亿吨,比 1983 年增长了 14.6%。日本产业废弃物在这个时期呈现成分日趋复杂、填埋场地严重不足等问题,而远距离运输处置意味着处置成本将会加大。因而,日本选择了针对固废开展资源综合利用的路径,一方面可以降低处置成本,另一方面也能够增加能源和资源的供给。1987 年,日本产业废弃物资源化利用率为 58.5%,比 1983 年提高了 3.1%(王绍林,1991)。这一阶段影响日本产业固废资源化利用的主要因素包括:一是产业固废受生产周期、季节因素、社会经济发展综合状况的影响不能实现稳定供给,难以维持资源化利用产业的均衡生产;二是资源综合利用技术装备不优不强;三是回收流通系统不完善;四是再生制品质量信誉不优;五是从业人员整体素质不高。针对上述问题,日本通商产业省从节约资源能源和环境保护角度出发,一是对开展节约资源和综合利用的行业进行资金补助,二是大力推进技术研发。

针对不断增长的工业固废产生量,日本通过焚烧和回收利用来削减最终处置量。自 2000 年以来,在《循环基本计划》中设定了最终处置量的目标值,通过有计划且有效的焚烧和回收利用,减少最终处置量。1978—2012 年的数据显示,日本一般废弃物的最终处置量从最高点 1978 年的 20％下降到 2012 年的 4.6％,工业固废的最终处置量从最高点 1985 年的 91％下降到 2012 年的 12％。

日本泡沫经济破灭后的产业废弃物产生量并没有出现大幅增减,而是一直维持在 4 亿吨左右。2016 年,日本产业废弃物产生量为 4.01 亿吨,循环利用率在 2004 年前稳步上升,之后维持在53％左右,产业废弃物焚烧设施数量呈逐年减少趋势,2016 年日本产业废弃物焚烧设施数量为 1 261 处,较 1999 年减少了 72％。由于二噁英排放不达标,日本于 2002 年关停了近 1 400 处相关设施,造成 2002 年产业废弃物焚烧设施数量锐减。产业废弃物的填埋场数量逐年减少,从 1998 年的 136 处,减少到了 2015 年的17 处;而填埋场使用年限则呈增加趋势,2015 年产业废弃物填埋场的使用年限为 16.6 年,较 2002 年增加了 2.9 倍,这与日本多年来推行资源循环利用、减少废弃物填埋政策有关(林斯杰等,2019)。

2016 年 1 月,日本修订了《固体废弃物处理和公共清洁法》,明确了到 2020 年一般废弃物产生约 4 000 万吨的目标。日本一般废弃物排放量自 2000 年后呈减少趋势,2016 年共产生 4 317 万吨一般废弃物,人均日排放量由 2000 年的 1 185 克减少至 925克。一般废弃物的循环利用率在 2007 年前稳步上升,2007 年后保持在 20.3％—20.8％的水平。日本有 82.9％的市町村均建设有一般废弃物填埋场。尽管一般废弃物填埋场剩余量在逐年减少,如 2016 年日本一般废弃物最终处置残渣填埋量为 355.4 万吨,较 2000 年减少了一半,然而一般废弃物填埋场剩余使用年限却呈现增加趋势,这与一般废弃物最终处置环节实现焚烧残渣循环再利用,从而使填埋量减少,释放了填埋能力有关(林斯杰等,2019)。

二、立法概述

在固体废弃物处理方面,日本已经形成了一套完整成熟的运作体系。日本的废弃物治理大致经历了三个阶段(林斯杰等,2019)。第一阶段是 20 世纪 50 年代,当时全社会的环保意识非常淡薄,无论是生产还是生活中,许多废弃物都随意倾倒,导致出现了很多环境问题,其中最直接的影响是城市居民生活环境问题。1954 年,日本出台了《清扫法》来规范卫生管理问题。第二阶段随着日本经济的飞速发展和工业化进程的快速推进,工业生产废弃物产生量日益增加,进而出现了一些环境公害问题,亟待加强对产业废弃物的处理及管理,于是日本在 1970 年出台了《固体废弃物处理和公共清洁法》、1981 年颁布了《广域临海环境整治中心法》、1983 年颁布了《净化槽法》等,通过立法推动废弃物治理。第三阶段是随着日本经济增速减慢,同时社会公众的环境保护意识不断增强,社会各界开始关注废弃物的恰当处理和回收利用的资源化问题,解决资源化利用废弃物环境问题的呼声日益高涨,推动循环经济发展的各种环境基本形成,废弃物的资源化利用得到了加强。1994 年,日本全面实施的《环境基本法》是日本环境保护领域的基本政策,规定了环境保护的基本管理制度和措施。自1995 年开始,日本开始集中制定和颁布各类推动循环发展的法律法规,并不断深化和调整循环经济领域的具体任务,如《循环型社会形成推进基本计划》每 5 年修改一次,已经分别在 2003、2008、2013、2018 年先后 4 次对该计划进行修订。目前,日本也已建立起了相对完善的循环经济法律体系,具体见表 6-1。

一是基本法。即《促进建立循环型社会基本法》。主要包含以下六个方面的内容:一是提出循环型社会的概念;二是将那些因没有考虑其价值而被称为"垃圾"的物质作为"可循环资源"并

表 6-1　日本固体废物管理相关法律体系图

促进建立循环型社会基本法(2000)	固体废物处理和公共清洁法(1970)	多氯联苯废物妥善处置措施法(2001)
		家畜排泄物法(2004)
		巴塞尔法(危险废物进出口)(1992)
	资源有效利用促进法(1991)	包装容器分类回收和循环利用法(1995)
		家用电器再生利用法(1998)
		小型家电再生利用法(2013)
		建筑材料再生利用法(1999)
		食品资源再生利用法(2000)
		报废汽车再生利用法(2002)
		绿色采购法(2013)

加强其回收;三是"垃圾优先处理"的次序为减少数量—回收利用—能量利用—安全处理;四是明确规定政府、地方主管、企业及社会大众的责任及义务,鼓励每个人都为建立循环社会做出贡献;五是政府建立并健全"促进建立循环社会的基本规则";六是准确提出建立循环社会政府所采取的措施。(胡利勇,2016)

二是综合性法律。这两部综合性法律分别是《固体废弃物处理和公共清洁法》和《资源有效利用促进法》。"《固体废弃物处理和公共清洁法》明确了废弃物处理设施设置的相关规章制度、废弃物处理单位管理要求、建立废弃物处理标准等内容(林斯杰等,2019)"。《资源有效利用促进法》就是之前出台的《可循环资源利用促进法》,1991 年开始生效,2001 年 4 月完成修订并更名,提出了改进产品结构和材质以方便回收利用、分类回收标识等制度,要求行业主体将 3R 原则贯穿从产品的生产至回收处理的全过程(杨名,2010)。

三是特别领域单行性法律。针对具体的领域日本先后出台了《包装容器分类回收和循环利用法》《家用电器再生利用法》《小型家电再生利用法》《建筑材料再生利用法》《食品资源再生利用法》《报废汽车再生利用法》及《绿色采购法》等七部法律指导资源再生利用。

四是固废处理标准体系。日本的废弃物处置技术标准包括废弃物焚烧设备结构标准、气化转化焚烧设施许可相关标准和熔渣综合利用标准等。

五是废弃物处理责任及处罚。日本首先通过立法明确了各类主体的责任义务，同时加强了规制和处罚力度。《固体废弃物处理和公共清洁法》中规定了民众、企业、政府在废弃物处理方面的具体责任和义务。民众必须协助国家和地方公共团体开展和实施废弃物减量的相关工作，各市町村必须制订该区域内一般废弃物的处理计划，并根据该计划在各自区域内不使生活环境受到影响的情况下，对一般废弃物进行收集、搬运以及处理处置；企业必须自己处理其产业废弃物。在不履行相关责任或违反相关规定方面，日本对废弃物环境违法行为制定了非常严格的惩罚手段，提高了各类主体违法成本，降低了违法案件的发生率。

三、制度评述

20 世纪 90 年代之前，日本废物以末端处理为主。随着经济快速增长，废弃物产生的环境问题日趋严峻，1977 年日本公害检举案例中废弃物违法案件数达到 2 998 件，占到公害总数的一半以上（孙兴，1983）。自此，日本开始倡导有效利用资源并加以循环利用的循环经济发展理念，以从源头削减固体废物的数量，改变"大量生产、大量消费、大量废弃"的现状，减少最后处置量。尤其在建筑领域，日本非常重视以牺牲资源为代价得来的生产资料，如砂石骨料等，一方面对于建筑构件的质量要求非常严格，不允许将有限的资源生产成为不合格的产品，他们认为这是一种浪费；另一方面，对于固废的资源化利用非常重视，倒逼设备制造商

加大研发生产设备与工艺系统的力度。目前,日本固废治理过程中的主要制度有:

一是产业废弃物管理制度。日本《固体废物处理和公共清洁法》规定和明确了废弃物的分级管理制度。"一般废弃物由市町村负责制订处理计划和监督管理,产业废物回收运输、处理处置行业由都道府县进行许可和指导监督"。日本环境省对产业废弃物的管理职责主要为制定基本方针及废弃物处理设施管理计划,研究制定废弃物处理标准、设施标准、委托处置标准,开展废弃物处理技术研发及信息收集,进行废弃物出口审批及进口许可等(林斯杰等,2019)。都道府县负责产业废弃物产生单位、处置单位及处理设施设置单位的具体管理工作,要求其提交报告并对提交的管理表反馈相关建议,开展现场检查、提出责令整改措施等。产业废弃物的产生单位有自觉履行产业废弃物安全处理、遵守贮存处置标准和对外委托标准、保存并上报管理表的责任;处理单位有取得优秀单位认证的权利,也有遵守处置标准、原则上禁止将委托处置的废弃物转移到其他单位处置、保存并上报管理表的责任;处置设施设置单位有遵守养护标准、储备养护备用基金的责任。计划建设产业废弃物处理单位或处理设施设置单位,需获得所属都道府县知事的批准。产业废弃物的处理责任要求企业必须自己处理其产业废弃物,"具体处理方法有:自主自行处理方式,该方式必须有主务大臣的认定;委托第三方废弃物处理公司处理方式,该方式是现行常用的方式,排放者承担处理成本,委托第三方废弃物处理公司处理。除此之外,在产业废弃物处理过程中,为了防止非法丢弃,企业不仅要履行排放者责任原则,同时还要遵守和执行产业废弃物管理票的义务"(林斯杰等,2019)。

二是生产者责任延伸制度。生产者责任延伸制是《促进建立循环型社会基本法》确定的一项重要制度,并在包装容器、家电、食品、建筑材料等再生利用法中予以进一步明确(邱启文,2020)。

日本生产者责任延伸制度的特点：一是主要侧重于消费者的付费制度，大多数法律都规定回收的消费之后的产品所产生的费用可以转移给消费者。二是鼓励相关的回收系统的相关企业建立自己的品牌，并对回收系统进行管理和发展。三是侧重于循环利用的个体机制，鼓励生产者建立回收利用系统，废弃物的回收和循环使用是利用工厂来承担的（曹平等，2013）。四是鼓励企业开展绿色设计。企业有义务采取措施提高产品性能，对产品进行合理设计，积极实践 3R 原则，降低处理难度。另更有社会责任的企业更是发展出了 4R 原则，如花王集团在 3R 基础上提出了所谓"替代原则"，即 Replace，以减少产品包装的塑料用量，且成效显著。花王 2015 年的塑料实际使用量相较未采取措施的估算使用量缩减了 71%。

三是废弃物相关企业认证及处罚制度。日本废弃物相关单位可申请循环利用认证、广域认证、无害化认证、热回收设施设置单位认证和优秀单位认证。其中，环境省大臣负责开展对实施大规模循环利用的单位进行认证，对实施有利于减少废弃物数量等广域处理的单位进行认证，对实施石棉、多氯（溴）联苯无害化处理单位进行认证。都道府县知事对设置具备热回收（如废弃物发电、余热利用）功能设施的单位、优秀产业废弃物处理单位进行认证。另外，还对环境友好型"生态园"进行认证。目前日本有 26 个生态园，成为所在区域物资循环的中心。正在进行的示范项目可以使这样的生态园发挥更大的作用。日本对于废弃物环境违法重典治乱，规定了严格的惩罚。日本废弃物环境违法案件的主体法人最高罚款达 3 亿日元，同时非法倾倒、非法焚烧、无证经营案件相关责任人处 5 年以下有期徒刑或 1 000 万日元以下罚款或并罚；违反委托标准、违反责令整治要求的处 3 年以下有期徒刑或 300 万日元以下罚款或并罚（林杰斯，2019）。

四是建立了产业废弃物交换制度。20 世纪 70 年代，日本建立了废弃物的跨行业、跨区域交换利用制度。这项制度的建立初衷是为了降低信息不对称造成的交易费用高昂、阻碍交易发生、阻碍市场形成而创制的。日本通过专门的机构作为平台机构,用于信息的汇总,通过信息交换促成可利用废弃物的利用。该项制度是由县市地方和事业中心两种方式推行的。从时间上来看,该项制度的发展经历了两个阶段。第一阶段是1976—1982年的试验阶段;第二阶段是1983—1988年的普及阶段。之后,该项制度在全国大部分地区实行,并打破了地域限制,成为全国范围内实行的一项制度(王绍林,1997)。日本产业废弃物交换机构几乎都是由县市产业废弃物负责部门,即县市环境保健部局为主要负责和承担部门的。该项工作并没有专职人员,大部门都是兼职人员,因为这些交换机构本来就负有推行废弃物资源化职能,是对产业废弃物的妥善处理有监督指导作用的部门。该项制度促进了产业废弃物减量化和资源综合利用工作,并被视为推进废弃物处理计划的一个环节,是一项废弃物管理必不可少的工作。此外,随着该项制度的完善,日本还设置了废弃物交换全国协议会以协调全国产业废弃物交换工作,不断完善交换制度和措施,交流经验做法,促进开展资源综合利用工作。

第三节　经验及启示

固废行业是需要法律法规和政策引导的行业,发达国家固废领域的治理及制度建设始于20世纪70年代。以德国为代表的欧洲国家和日本在固体废弃物治理政策、法律制度和管理上做了很多努力和尝试,形成了不少可供借鉴的经验做法。

一、重视立法和制度建设

首先,德国和日本对固废治理的国内顶层设计和立法都确立了基本理念和原则,并长期一以贯之,扎实推动理念落地,切实将固废资源化利用工作落在实处,落实到每一个企业、每一个公民以及相应级别的政府和组织行为上。20世纪50年代到70年代,伴随着德国、日本等资本主义国家经济的快速发展,大量工业废弃物和城市垃圾随之产生,造成土地资源被大量侵占、生态环境污染严重。自此,上述国家和有关地区开始了固体废物治理的制度建设,相继出台政策法律,运用规制工具进行激励和引导,带来了固废行业的蓬勃发展。

其次,政策制度需辅之以有效的政策、清晰的路线,以及可供各类主体依循的清晰的优先处理层级,同时配合社会环境及共同意识的行为影响,方能产生治理效果。如日本对固废有系统性的综合考虑,固废从产生到利用再到处置均有清晰的路线图,利用方向指向明确,且管理闭环到位,清晰可溯源,每批废物都能实现各环节的可追溯。

再次,是这些国家对固废的底数和基线情况了解精准到位。基于此,在制定战略目标的同时,目标任务分解也力求精准,精细到人均水平,并逐年推进。如日本固废治理之所以成功的一个关键点就在于,从目标制定到目标实现之间制订了细致的实施方案和推进计划,从时间到空间,全维度地确保了目标实现。

二、强化废弃物管理,重视标准建设

首先,发达国家废弃物管理目前大都从顶层宏观设计考虑制定固体废弃物管理战略,以"循环经济"为指引,遵循"废弃物管理优先等级原则",通过严格的行政措施、灵活的市场手段以及持续驱动创新和技术研发,推动产业链、消费习惯及工业系统再设计等全系统的深度革新,实现固废源头减量、综合利用和安全处置。

其次,完备的产业链体系和相应的标准体系为开展废弃物管理优先等级工作提供了基础和保障。明确分级利用后,如果没有与之相适应的后续产业链条延伸作支撑,则会使制度流于纸面和形式。德国、日本在标准制定方面都开展了非常充分细致的工作,立足各自国情,从不同侧重点开展标准制定和完善工作。如欧洲为了更好地发展再生原料市场,欧盟委员会和欧洲标准化组织提出了一套标准化工艺和标准化分析过程,构建了促进原料再生利用的标准化支撑系统。以粉煤灰标准为例,各国粉煤灰分类标准不尽相同,中国及美国主要以氧化钙含量为依据进行分类;日本因处地震带更加重视性能分类,如强度参数等;欧盟除了以细度及烧失量为分类标准外,还对环保指标监控严格,因此增加了更多粉煤灰成分的指标。

再次,严格控制最终填埋的规范及标准,切实从末端倒逼减量化和资源化利用。如欧盟制定了固废终止标准,明确废物和副产品之间的区别,明确了某些固废何时不再是固废并成为产品的条件,这些标准进一步提升了固废循环利用的环境和经济效益。日本在对固废填埋标准设置了严格要求后,原有的固废填埋场服务年限得到了延长,固废综合利用取得了显著效果。

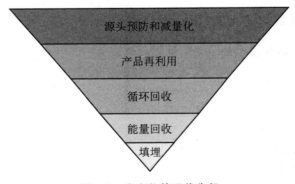

图 6-1　废弃物管理优先级

三、明晰各方责任，推动共同治理

发达国家都重视强调和明确固废治理责任，并积极推动和倡导全社会共同参与。如日本在《固体废弃物处理和公共清洁法》中明确规定了国民、企业、各级政府排放废弃物的责任，强调了国民在协助国家和地方公共团体开展废弃物减量、正确处理废弃物的责任和义务，而企业必须自行处理其产业废弃物。德国则在《循环经济和废物管理法》中规定了废弃物的生产者、拥有者和处置者应遵循的基本原则和应履行的义务，规定了开发、生产、加工和销售产品者须承担满足循环经济目的管理要求的产品责任。此外，对丢弃和产生废弃物的企业征税与收费也是各国一致认可的做法。日本规定废弃者应该支付与废旧家电收集、再商品化等有关的费用；美国针对将垃圾直接运往倾倒场的公司和企业征收填埋和焚烧税，对直接在城市内产生并排放垃圾者收取固定的处理费。

四、政府大力扶持，市场给予激励

废弃物的资源化利用或者综合利用具有一定的环境正外部性，因而资源综合利用废弃物产生的环境效益具有公共物品属性，政府应当对资源化利用固废资源的行为予以扶持，如积极采取绿色采购、财政税收优惠、补贴、金融支持等方式，确保通过政策扶持和优惠实现补偿，以此推动固废资源化利用市场的建立和健康持续发展。如日本政府会为固体废弃物处置企业提供一定的市场，政府工程、混凝土工程项目会优先使用再生砂石；德国2000年颁布的《可再生能源法》中规定了政府以资金补助的方式鼓励从事再生能源的相关企业进行生产，2002年德国《持续推动生态税改革法》进一步强调了政府可以用加征生态税多获得的税款补贴给资源化企业。同时，各国也注重金融方面的支持，如日本对引进使用粉煤灰处理设备的一般产业会给予 40％的高融资率和 1.9％的低利率的特别优惠,以提高企业综合利用粉煤灰的积极性(姜龙,2020)。

五、逐渐注重管理系统的信息化转型

在欧盟委员会层面,根据《可持续欧洲反馈文件》(Reflection Paper Towards a sustainable Europe)设定的目标,到 2030 年,欧洲循环经济产业应该成为欧盟工业战略的支柱。健全有效的废物管理系统是循环经济的重要组成部分,其核心是通过管理将废物转化为资源。为了使欧盟废物管理系统实现现代化,修订后的《废物立法框架》于 2018 年 7 月生效,包括更新制定产品回收率指标,简化相关定义和计算方法以及明确产品回收物料和副产物等内容的法律地位,进一步明晰了废物在单独收集环节的规则和要求,落实生产者责任延伸制度的最低要求,加强废物预防和废物管理措施等。2017 年,原材料信息系统(Raw Materials Information System)①启动,可在线监测再生材料和产品循环利用的相关数据。欧洲已经将经济转型和气候"碳中和"目标相结合,以推动实现循环经济和控制气候变化双目标的实现。回收、能源和材料效率以及新的消费模式对于全球温室气体减排也有巨大潜力。为了能够使更多的主体参与其中,欧洲致力于积极推动新的循环经济商业模式,一方面积极引入人工智能和数字化技术,优化能源和资源使用,并以该技术支撑循环经济商业模式和消费选择;另一方面通过信息化加持以降低产品成本并建立新型的工业共生关系。

总的来说,发达国家已经走过了传统工业化进程,工业固废

---

① 中科院信息工作网. 欧盟 JRC 建成原材料信息系统 [EB/OL]. (2015-04-01) [2021-05-17]. http://www. ecas. cas. cn/xxkw/kbcd/201115 _ 114526/ml/xxhcxyyyal/201504/t20150401_4330377.html.

的产生已经越过环境库兹涅茨倒 U 形曲线的拐点。虽然发达国家基于传统工业化的一些治理经验值得我们学习和借鉴,但毕竟其历史背景、发展阶段、技术水平、治理能力、文化背景等方面与我国存在着巨大的差异。同为发展中国家的其他国家同中国一样,身处于工业化、城市化大潮中,虽一样面临着发展过程中的工业固废治理难题,但却需要立足本国发展的历史阶段和客观实际,对国际经验和做法客观考量,选择性借鉴,避免出现"水土不服"。

本 章 小 结

百年未有之大变局下,气候变化愈加严峻,新冠肺炎疫情全球蔓延,国际局势动荡不安,我国迈入高质量发展新阶段,开启了实现第二个一百年目标的新征程,这是任何一个国家都未曾经历过和面对过的新形势。目前,部分发达国家已经基本实现了工业固废的安全处理处置与环境风险全过程控制,正逐步将工业固体废弃物作为可循环利用的矿物资源,从简单的减量化、低值化的建材建工利用向高值化的有价资源梯级提取与协同利用方式转变,以期实现资源全组分利用与污染转移控制(黄进等,2014)。德国、日本等国家和地区已经开始从社会层面推进和实践循环经济,这与我国正在践行的生态文明和高质量发展有着异曲同工、殊途同归之意。循环社会、生态文明,最终指向的是人类的可持续发展。

第七章

提高工业固废资源化利用制度有效性和规制效率的对策与建议

在对工业固废资源化利用规制的有效性进行博弈分析、对政策法律工具进行量化分析，以及对规制效率及其影响因素进行实证分析后，我们以制度创设和创新服务于降低交易成本原则为指引，从完善责权利配置、优化政策法律工具使用、强化制度供给和提高治理能力等方面提出对策建议。

第一节　完善责权利配置，提升规制规则的有效性

责权利配置方面，需围绕推进工业固废资源化利用这一新的规制目标，调整构建新的博弈规则，合理配置各类主体责权利，从调整和影响微观主体的行为选择和决策入手，引导治理向着宏观目标方向推进，以确保博弈规则有效。

一、明晰资源化利用的主体责任及义务

一是国家立法层面，要在立法的顶层设计上强化工业固废资源化利用的主体地位，突出强调资源化利用、循环利用责任。在资源化利用工业固废方面出台"硬要求"，转变过往只有政策"软约束"、没有立法"硬要求"的局面。要进一步深化生产者责任延伸制度。生产者责任延伸制度的终极目的是通过责任延伸使产废主体形成"治废""利废"的行动自觉，且责任的延伸不仅应当包

含"向后"的污染治理责任和资源化利用责任,还应当包含"向前"的工业固废的减量化责任延伸,以及生态设计方面的责任设定。未来我国工业生产过程中的生产者责任延伸有待持续扩大责任覆盖范围。

二是地方立法层面,要以问题为导向,强化地方立法。《固废法》是全国人大常委会颁布的在全国范围内适用的法律,但作为对固废治理负有具体责任的各地,则需要针对本区域产业、经济和社会发展的情况,有针对性地出台地方性法规,以着力推进地方工业固废资源化利用工作取得实效。应当允许工业固废问题突出的资源型地区提出创新的工业固废资源利用方式,如增补填沟造地、充填塌陷区或采空区等技术建议,在获得国家认可后同样可以获得国家税费政策优惠和支持,切实推动资源型地区工业固废治理工作。

三是政策层面,从规划层面设计和设定目标,以目标为引领,明确和细化各级政府及相关职能部门和组织的工作任务,并进一步分解制定工作方案,确保目标任务层层分解,确保各项工作落实到责任主体。要梳理和明确现有政策有关资源综合利用"三同时"制度的要求,进一步明确部门职责分工,严格从政策落实上压实资源化利用工业固废的主体责任。需出台相关政策,将砂石骨料资源开发利用与工业固废产量和资源替代水平挂钩,严控天然砂石骨料资源开发利用,提高开采成本,为规模化利用工业固废替代天然资源打开价值空间。政策也应当在营造和引导社会大众行为方面发挥积极作用,包括:政府部门及公共机构应当积极带头使用和采购资源综合利用生产的再生用产品及原料;市场主体在生产经营活动中以"减量化"思维降低资源消耗,提高资源利用效率,同时积极主动使用工业固废资源化利用生产的再生原料及产品,承担资源循环利用义务;社会公众应当形成绿色消费理念,规避"邻避效应"对推广使用再生产品及原料产生的负面影响,积极承担资源循环利用义务。

二、探索建立责任利益转化及补偿机制

就局中人的责任义务而言,除了目前责任义务有待进一步调整和明晰外,在利益分配方面的制度安排也存在缺失,严重影响着主体的主动性和积极性。需要研究和探索建立各主体间的利益流转和相应的补偿机制,以弥补制度的不足。

一是通过契约协调,探索和推动责权利流转模式。契约协调概念借鉴自管理学领域,研究焦点是供应链协调过程中的契约协调问题。契约协调是用于解决分散决策下,供应商和零售商作为"理性经济人"以最大化自身利益为决策依循、带来的"双重边际化"及其造成的供应链整体低效问题(张鹏,2015;卢震和黄小原,2004)。为解决上述问题,学者们提出通过契约合作形式使个体动机与系统目标一致,从而达到供应链协调,避免双重边际化问题(杜少甫等,2010)。按照诺思和科斯的相关理论分析,这种契约协调实际上就是一种降低交易成本的制度安排,而这种制度安排中的重要关切就在于参与博弈的主体之间责权利安排的调整,并经由成本收益原则,实现引导微观主体的行为及决策的作用。工业固废资源化利用过程中,因合作博弈的结果更占优。在契约协调过程中以追求社会效益最大化为目标。基于产废单位负有工业固废资源综合利用责任及义务,在其缺乏技术或条件开展资源化利用、需将此责任义务转移给第三方,就催生了市场。通过支付相应费用,由其根据合同约定对工业固废进行利用或集中收贮处置。基于"谁污染谁付费",补偿需要一方面满足弥补处理成本,另一方面需要有一定的合理盈利空间,建立健全"产废者付费＋第三方"等机制,推进产业发展。同时,就相应费用构成及付费模式有待进一步在理论上进行探索研究,进一步研究固废的运输成本、资源化利用固废所需要进行投入的机会成本以及相关补

贴政策等。

二要研究探索建立相应补偿机制。当前工业固废资源化利用没有建立起价格驱动机制,缺乏内生动力。内生动力说到底是需要企业要么有责任、要么有收益。责任之下的动力,是被动的;收益之下的动力,是主动的。相对于产废主体而言,工业固废资源化利用主体的行为能够产生生态环境效益,具有公共物品性质,符合国家税收优惠及工业固废资源综合利用政策,应当在价格形成方面,积极探索相应的补偿机制,给予其产生的生态环境效益给付对应的补偿。在完善治理的过程中,一方面需要通过出台政策法律以及进行制度安排,对博弈规则进行设定和调整,以推进形成参与人之间相互作用所维持的自我约束性秩序,形成每个企业的行为自觉;另一方面需要依靠制度的安排和引导,依靠政策和法律法规层面的相互配合,形成促进激励和监管处罚的双向调节机制,引导和促进产业健康可持续发展。由此形成在解决工业固废问题过程中最终的博弈均衡。地方政府应当继续深入探索有关工业固废资源化利用过程中的生态补偿和资源补偿机制,为区域性突出问题的解决寻找到更多的支持。如鉴于粉煤灰、煤矸石等在生态修复、土壤改良等方面综合利用作用,可以尝试探索设计生态补偿转移机制;基于工业固废的资源属性,探索资源补偿机制,将征收的可替代矿产的资源税用于粉煤灰和煤矸石综合利用单位或个人的补贴,提高其积极性。

三、强化全过程监督,加大追责力度

一是要进一步完善监管体制,强化执法监管效率。通过监督追责可以在社会治理过程中形成威慑和较高违法风险及成本,使得主体能够自觉承担责任义务,进而降低社会治理成本。要进一步深化"双随机、一公开"制度,建立和深化部门及区域联防联控机制,一方面严厉打击固废污染环境的违法违规行为,严守生态

环境保护红线,另一方面严格依法依规监管企业开展清洁生产、资源循环利用等生产活动,加强监督核查,从源头和全生命周期管控工业固废的产生、利用与处置。

二是加强中央环保督察对工业固废资源化利用问题的关注。已经完成的第一轮中央生态环境保护督察工作已使地方各级党委和政府的生态环保责任意识加强。2020 年底,第二轮中央生态环保督察工作正式开始,该项工作未来在推动高质量发展方面的作用将得到进一步强化。回顾已经完成的第一轮中央环保督察工作,督察重点针对的是违法违规行为和事件,但对涉及工业固废资源化利用的清洁生产、循环经济领域的督查尚未覆盖。未来需要发挥督察在推动绿色产业发展方面的作用,如做好资源综合利用"三同时"制度、清洁生产审核制度的贯彻落实督察,引导政府、企业和社会关注工业固废资源化利用问题。

三是提高违法成本,构筑守护环境公平正义底线的司法保障体系。在提高违法成本方面,新《固废法》大幅提高了固废违法罚款额度,增加了行政处罚种类,并将处罚强化到自然人,未来需进一步细化相关规定,使环境执法人员在依法处罚过程中更具可操作性,推动处罚由"结果罚"向"行为罚"过渡和转变,也进一步完善法律责任,使之得以与法律行为相呼应。在司法保障体系建设方面,目前已经初步建立起了生态环保综合行政执法机关、公、检、审判机关之间的"信息共享、案情通报、案件移送制度"(李晓亮等,2020),提升了司法保障的效率和效能。未来需要更进一步优化和协调行政执法与司法之间的关系,以灵活主动的行政执法为基础,建立起与之相适应的司法保障体系,发挥司法事后救济作用。推动固废领域生态环境公益诉讼工作,加大案件起诉力度,探索建立"恢复性司法实践+社会化综合治理"审判结果执行机制。

第二节　聚焦调整成本收益,优化规制工具使用

在政策法律原则性的对主体责权利进行安排后,具体成本收益调整方面则需要各类政策工具发挥"胡萝卜"和"大棒"的作用,撬动和影响微观主体的决策及行为选择,真正触发各个主体的成本收益,进而起到调整和引导行为决策的作用效果。

一、调整命令控制型工具运用领域,转变治理重心

一是在资源化利用工业固废领域着重运用命令控制型工具。我国工业固废治理长期以"污染防治"为重,在步入高质量发展新时代后,以生态文明建设为引领,工业固废治理重心应尽快从"污染治理"转向"资源利用",这是建设美丽中国、提升社会整体福利水平的必然要求。对工业固废属性的认识和技术水平直接影响着我国工业固废治理目标的设定和路径选择。工业固废的资源价值不仅在于循环利用可产生的使用价值和经济价值,还应包括因资源化利用工业固废而减少的对环境的负外部性影响,即兼具生态环境价值。而"双碳"目标提出后,亦同时彰显出减碳的协同价值。因而,不论是产生的经济效益、社会效益,还是体现出的生态环境效益、减碳效益,资源化利用工业固废在提升社会整体福利水平方面均具有优势。

二是尽快构建工业固废资源综合利用评价指标体系。长期以来工业固废资源化利用相较之于固废污染防治而言,治理力度较为薄弱,尤其表现在缺乏系统完善的指标体系,缺乏指标的硬性约束。我国在节能减排和环境污染防治方面已经建立起了相对全面的约束性指标体系,并开展了相应的考核。工业固废资源综合利用的目标和指标,更多的是一种鼓励和促进型指标,长期以来并没有纳入刚性约束指标体系内予以考核。工业固废资源

化利用涉及循环经济、清洁生产、绿色发展等多个领域,需尽快研究和集成各领域现有指标,构建出可以有效考察工业固废资源化利用的指标体系,并将其纳入各级政府考核范围,尽快实现工业生产与工业固废产生的解耦。同时,地方政府要对本行政区域内工业固废总量控制和资源化利用工作负责,加强考核的压力传导。

二、发挥激励型工具聚焦调整成本收益的作用

一是切实发挥税收优惠正向激励作用。激励型工具应当成为调动市场主体参与的重要抓手,成为推动市场形成的重要工具。要进一步规范资源综合利用产品及劳务增值税政策,落实资源综合利用和节能节水环境保护专用设备企业所得税优惠政策。进一步细化政策和出台配套实施细则,并且在政策灵活性上要充分体现地域差异,从政策方面给到资源型地区相应的调整和适用空间,同时,减少制度阻碍,为民企提供公平享受政策优惠扶持的环境,激发市场主体的活力和积极性,降低利废企业成本。

二是加强财政资金支持。中央和地方环境治理财政资金应当对工业固废资源化利用领域予以稳定持续的投入,加强对资源综合利用示范项目、园区、基地建设的专项资金支持。从资源型产业聚集地工业固废利用处置方面,从项目、企业、园区、基地、城市等不同层面,积极争取国家资金支持。在构建内循环经济体系过程中加大对资源综合利用的支持,为各类主体协同推动固废资源综合利用提供多种形式的资金支持。加大中央预算内投资专项资金在生态文明建设专项中对大宗固废资源综合利用项目的补贴。同时,通过PPP和第三方服务方式引导和撬动社会资本投入。

三、强化引导型工具的影响作用,降低治理成本

一是加大绿色采购力度。我国已经初步建立起了绿色采购制度框架体系。2021年初,财政部部署政府采购支持绿色建材和

绿色建筑应用推广试点工作,指出试点城市要对有"绿色"证明的绿色建材纳入采购需求管理环节,并开展需求批量集中采购等政策,切实降低建筑材料成本,给予开展资源综合利用的绿色建材企业以更精准的支持。以此为导向,未来政府集中采购和投资的各类建设项目,都应当按比例采用符合国家、省级相关标准的固废资源综合利用产品。尤其资源型地区,消纳工业固废压力大、任务重,需各级政府和地方国有企业加大采购和使用比例,必要时地方可以出台强制绿色产品、资源综合利用产品的采购比例和范围。此外,在区域发展和建设过程中,应加大区域协同利用工业固废,提升跨区域消纳能力,形成大市场,打造互补共享合作的格局。按照试点先行、逐步放开、有序竞争的原则,在绿色产品及企业认证等方面,逐步扩大认证机构范围,不断提高认证机构的素质、规模和水平,强化监督和追责。

二是加强绿色金融支持。绿色金融因涉及项目均具有"外部性",而"绿色"特性又使得绿色金融注重长远利益,寻求以可持续生态经济效益和环境效益反哺金融业的商业机会。未来需进一步创新绿色信贷、绿色债券、绿色基金、绿色保险等对具有生态环境效益、无"当前利益"的工业固废资源化利用项目及产业的支持。资源型地区要根据地方产业特点和工业固废产生情况,积极争取国家绿色发展基金①对区域工业固废资源化利用项目和产业的支持。基于保险较长的资产及负债期限,与生态环境治理有着天然的契合度,要使其在工业固废污染治理过程中发挥重要作用

---

① 2018年,国家发改委与中国建设银行签署《关于共同发起设立战略性新兴产业发展基金的战略合作备忘录》,建立战略合作机制,共同发起设立该基金,基金目标规模约3 000亿元,用于支持战略性新兴产业的发展壮大。基金具体将投向新一代信息技术、高端装备、新材料、生物、新能源汽车、新能源、节能环保和数字创意等战略性新兴产业领域,支持战略性新兴产业重大工程建设,突出先导性和支柱性,优先培育和大力发展一批战略性新兴产业集群,构建产业体系新支柱。

的同时,加强绿色保险资金对在工业固废资源化利用领域的投资和支持力度。此外,要积极研究探索大宗工业固废作为资源价值的资产化、证券化方法路径,以及以此为基础的期货、期权产品可行性,为融资提供创新路径。

三是重视宣传教育。新时期新资源观、发展观、生态观、消费观的培育和形成将会显著降低我国经济社会发展转型成本。生态环境保护是一项自下而上、全社会共同参与、协同努力的综合性事业,共同的价值基础和意识认知在治理中的作用非常重要。这也是非正式制度的重要作用。人的行动依赖观念和制度,制度也唯有依据人们所抱持的观念才可能被理解。社会共识和绿色消费理念的形成,将会大大降低社会治理成本,通过多元主体共同参与推动实现工业固废资源综合利用治理目标。重视宣传教育,在全社会形成减量化思维,规避"邻避"效应,可以实现从源头节约资源,提高资源的使用效率。消费者需要得到的是承载在商品产品上的服务,而非商品本身,由此需要引导生产生活方式从开放式向闭环式转变,摒弃"使用—丢弃"的单向利用模式,向着从重物质到轻物质或"非物质经济"转变。

四是推动多元共治。行业协会及组织的发展程度可以一定程度上反映市场体系的发育成熟程度。在政策实施过程中,行业协会作为"桥梁",面对企业在资源综合利用实践中遇到的困难和问题,行业协会及组织要积极做好下情上达,为企业发声;在政府出台政策和政策实施过程中,作为对企业和市场都有充分接触和了解的组织,要积极开展行业调研,做好政府部门的参谋助手,为政府提供更多公共服务和公共产品,为制定和完善政策提供支持支撑。同时,鼓励第三方开展咨询评估服务,帮助工业固废资源化利用行业更好更快的健康发展。第三方作为"专业服务"的供应商,要通过契约的方式,为企业提供专业化的咨询服务,完成企业内部现有或新增业务流程中持续投入的中间服务的经济活动,如工业固废资源化利用相关的前沿技术和设备信息跟踪、产业政策的适用与企业发展规划方案咨询服务等。

第三节　强化制度供给，
提升规制效率，降低治理成本

面对当前工业固废资源化利用领域制度性交易成本较高、降低了治理效率的现实，需要强化制度供给，提高治理效率，降低治理成本。

一、完善标准制度，健全市场准入成本

一是建立完善相关标准体系，发挥标准引领和规范的基础作用。工业固废资源化利用突出的障碍是标准缺失，标准的缺失使资源化利用的产品和再生原料的生产销售流通和使用都受到阻碍。一方面要加快推进和建立政府主导制定的强制性标准，另一方面要积极推进市场自主制定的推荐性标准，两者相互补充、充分衔接，构建新型的配套的工业固废资源化利用标准体系。企业和各地针对地方特有问题，应当积极出台针对性和适用性强的地方标准、企业标准，切实解决标准缺失问题。推动固废全生命周期环境无害化管理，健全资源化的标准体系，国家和团体标准统筹制定，分批次发布。应尽快制定工业固废综合利用的行业规范，引导企业有序回收、科学分类和利用固废，同时为工业固废资源综合利用和环境执法提供指引和依据。

二是加强政策与标准的系统性衔接。在标准制定过程中，要做好规划、产业政策、优惠政策、评价评估等之间的衔接配套；要对标准设立反馈和评估机制，及时修订完善标准体系，满足行业、产业和市场发展的需要。要加快研究和制定适用于解决大宗工业固废特殊问题的政策标准，如循环流化床产生的粉煤灰灰质特

殊性在资源化利用实践中存在的问题等。还要立足国情,积极与具有适用性的国际标准对标,为推动国内废物资源化利用做好标准研用准备。

二、加大科技研发,提高支撑能力

一是科技研发以企业为主,加大企业自主研发的资金投入。根据实证分析的结论,技术效率和规制强度之间存在正相关性。因而技术作为重要的影响要素,在工业固废资源化利用过程中发挥着重要的作用。技术研发应当以企业为主,基于实践和需要突破技术瓶颈,同时,政府应在资金和政策方面给予支持鼓励和引导。工业固废资源体量巨大,但技术和产品在规模化消纳和高值化利用方面仍有待突破,鼓励新技术、好技术落地。同时,要积极拥抱新技术,形成新业态,助力绿色发展。基于5G网络的物联网技术、AI技术和物流技术等不断完善的基础上,工业固废治理应当积极拥抱新技术,形成新业态,实现从源头减量、过程节约再利用、末端回收再制造、最终无害化处置的固废治理目标,并最终走向闭路循环、资源节约、环境友好的无废社会。

二是引导高校及科研机构开展前瞻性研究并推动成果转化。以高校和科研机构为平台,推动产学研商用相结合,围绕大宗工业固废源头减量、综合利用、协同处置及清洁生产等领域,推动大宗工业固废规模化和高值化利用技术及装备研发,加快国内外先进适用技术落地和成果转化。积极促进工业固废资源化利用领域技术及项目的培育孵化,尤其是要推进实用性强、消纳性大的工业固废利用技术和项目的实施和落地。鼓励和支持联合攻关,研究开发工业固废综合利用和集中处置新技术,在工业固废污染环境防治技术进步的同时加大资源化利用规模和水平。增加人才引进专项资金,加大科研资金对于工业固体废弃物研究项目的补助。尤其在资源型地区,要加大对专门研究工业固废资源化利用技术团队的支持,加强技术转移及成果转化,促进固体废物处理处置产业发展。

三、加快数智建设，驱动高质规模利用

后疫情时代,全球数字化进程得到了快速发展和推进,在大数据和智能化的加持下,工业固废管理也需要与时俱进,提升数智化水平,提高治理能力和效率。

一要加快推进"一网统管"固废数字化监管平台建设,提升监管能力和效率。在工业固废问题突出的区域和地方,应当基于全国排污许可证管理信息平台,开发适合本区域需要的并能与国家平台对接的排污许可证管理工作平台,建立以满足和实现属地管理需要的审批、数据分析等基础管理功能,同时打通平台与工信部门工业固废资源综合利用信息平台,实现系统间的衔接与融合。探索和建立政府固体废物环境管理平台与市场化固废公共交易平台信息交换机制,充分运用 5G 网络、物联网、全球定位系统、大数据、区块链等信息技术,实现固废管理全面信息化、可视化,提高监督管理能力和效率。

二是推进工业固废信息统计平台建设,提升数据搜集精细化水平。经济学关心的是如何能使每个主体都能充分利用和获得想要的信息,从而降低交易成本,促使更为充分的协调发展得以实现。现阶段中国特色社会主义建设迈入新时代后,在全面推进生态文明建设的目标要求下,在现有互联网大数据发展基础之上,我们迎来了解决工业固废资源化利用的历史机遇期,这是一个最好的能够以最少的社会成本解决问题的关键期。要积极构建大宗固废在线检测系统,针对重点区域和行业,建立更为精细的管理数据库,进一步摸清工业固废产生和利用情况,加强统计数据的研判应用,提升各项管理措施的精准性和可操作性。同时,开展第三方评价和信息搜集服务工作,分析不同行业、不同生

产工艺的工业固废产生特点,精细化调查不同区域大宗工业固废安全处置能力及资源化利用产业发展现状,评估各地区大宗工业固废资源化利用现有基础条件,识别制约固废资源化利用的关键因素和薄弱环节,为后续工作的推进提供方向指引。

三是推进工业固废交易平台建设。鉴于工业固废成分的复杂性,从清洁生产的角度出发,需集中打造固废资源综合利用的大平台(张寿荣和张卫东,2017),实现企业固废信息的交换,降低市场交易成本,促进资源的市场化配置,为物尽其用和未来的跨区域固废资源协同利用提供基础便捷。利用工业固废信息平台,促进交易的公开透明,为各类企业资源化利用工业固废降低成本。通过相应的信息发布平台的建设,打通电厂与钢厂等大宗工业固废产出企业、地方政府与民营企业之间沟通的路径,降低民企资源化利用工业固废的交易成本,为民营企业积极进行技术和项目研究创造宽松的政策环境,并予以相应的政策鼓励和激励。基于互联网精准海量数据,未来固废资源化利用产业将会迎来发展大趋势,云平台的建立,可以通过专业化的研发,为固废利用提供更加精准的市场需求(徐扬,2019)。

本 章 小 结

"十四五"时期,我国工业固废资源化利用的目标设定是:到2025年完成新增大宗工业固废综合利用率达到60%,存量大宗工业固废有序减少。"十四五"开局之年,全国人大常委会再次开展了固废污染环境防治执法检查和专题询问;同时,生态环境部也将开展为期两年的黄河流域"清废行动",以强化对固废的污染防治倒逼和推动工业固废的资源综合利用。为了确保任务完成,相关的制度建设和规制效率都需要快速跟进和提升。"运动式"执法只能是一场来来回回的"拉锯战",制度的建立和规制的有效高效才是最终追求。新时期目标指引下的工业固废治理向着资源化利用方向前行,需要对各类主体的责权利进行重新配置,并通过优化规制工具使用,聚焦市场主体成本收益的调整,以满足达成治理目标的需求。同时,需要强化制度供给,降低包括信息成本在内的各项制度成本,提高市场化水平,提高治理效率。

第八章

结 论 与 展 望

第一节 结 论

本书针对我国工业固废资源化利用规制有效性及规制效率进行研究,旨在分析规制困局,通过实证研究找到破解困局的路径和对策。工业固废资源化利用的规制目标是要提高工业固废的资源化利用水平和效率。2021 年 3 月 18 日,国家发展改革委联合九部门印发了《关于"十四五"大宗固体废弃物综合利用的指导意见》,成为指引指导我国工业固废资源化利用的新的标志性文件。"十四五"时期是我国工业固废治理由"污染物防治"向"资源化利用"转变的关键期。规制目标的达成,一方面,需要以市场化为原则、以降低交易成本为指引,构建具有内生动力的、可以有效推动工业固废资源化利用的制度体系;另一方面,需要提高规制效率,以尽快达成规制目标、缩短治理周期、降低社会治理成本,助力第二个一百年奋斗目标的实现。

基于对现实和未来治理形势,以及工业固废产量趋势的判断,"十四五"时期,我国工业固废的资源化利用工作目标和任务的完成将面临较大压力。本书在对我国工业固废资源化利用制度变迁进行总结和分析后,认为我国工业固废资源化利用规制中客观存在以下问题,阻碍着治理目标的实现,影响着规制效率:

一是在特定历史阶段的发展目标指引下,制度安排引导市场主体选择了工业固废污染防治的治理而非资源化利用的道路。

治理重心偏颇使责权利配置失当,造成治理以末端"污染防治"为主,"资源化利用"责任义务长期"弱化"和"虚置"。路径依赖影响下,既有制度安排加之诸多导致交易成本高的影响因素,如信息不对称、产品利润薄、投资收益周期长、市场需求空间不足等,使得工业固废资源化利用成本超出收益,阻碍了工业固废资源化利用目标的充分实现。

二是缺乏生态价值实现的补偿机制,导致工业固废资源化利用产品及服务在市场上缺乏竞争力。制度供给存在失衡,导致治理效率低下,表现在既有政策法律规制工具没有发挥出应有的治理作用。具体而言,即没有构建出生态价值实现机制,阻碍了市场化达成工业固废资源化利用目标的道路。

三是信息不对称导致治理效率低下。工业固废方面的基础数据和平台建设非常滞后,导致管理和市场化利用都存在因信息不对称造成的低效和高成本问题,阻碍着产业发展和治理达效。

针对以上三个方面的问题,立足现阶段我国工业固废治理现状,以工业固废资源化利用为研究视角和切入点,并对影响因素进行考察和实证分析,为进一步提出对策建议提供实证分析支撑。基于上述分析和方法的运用,本书得出以下结论:

第一,我国工业固废治理已经向着资源化利用开始了新的变迁。不同的发展阶段,国家治理追求目标不同。在战略目标指引下,工业固废治理实际上是一个体现目标引导和基于成本收益考量的制度安排。我国工业固废资源化利用经历了无序治理阶段、治理起步阶段、堆填为主阶段、贮用结合阶段和以用为主阶段这五个阶段,并在不同的制度变迁阶段呈现治理理念、观念意识、规制力度、指导原则和组织协调等方面的诸多变化。在厘清和明确工业固废治理过程中污染防治和资源化利用关系的基础上,我们认为单一经济发展目标引导下,制度安排选择了工业固废污染防治路径;生态文明和绿色低碳发展目标引导下,制度安排开始由污染防治转向资源化利用转变。在进一步深入分析工业固废属性、治理原则和治理路径间关系的基础上,我们提出工业固废的污染防治只是手段,工业固废的资源化利用才是目的,是解决工业固废问题的治本之策。

第二,治理主体责权利配置现状不能有效推动工业固废资源化利用。运用博弈论展开制度有效性分析,研究各主体责权利分配现状,我们认为既有政策法律中对产废主体资源化利用工业固废的义务和主体责任强调不足。现有制度安排下,产废主体污染防治责任重于资源利用责任,但主体采取污染防治路径的总收益却优于采取资源化利用工业固废获取的收益,使得市场主体在推动工业固废资源化利用目标达成方面存在阻碍。产废主体资源综合利用责任不足,无法产生倒逼产废主体开展资源化利用的主动性;利废主体在责权利配置中由于环境正外部性补偿无法获得,也缺乏积极性和主动性,使得市场化治理缺失了重要的推动力量。在博弈过程中,合作博弈成为推动工业固废资源化利用较优的选择,未来需要产废主体和利废主体之间开展合作,通过契约协调,达成包括生态环境效益在内的效益最大化的目标,提升社会总体福利水平。

第三,工业固废资源化利用规制工具结构不优影响了规制效果,提高了规制成本,降低了规制效率。通过量化分析,我们发现我国工业固废治理政策工具运用存在如下问题:命令控制型工具聚焦于工业固废污染防治领域,资源化利用规制刚性明显不足;激励型工具侧重于工业固废资源化利用领域,但有效性和政策落地存在诸多阻碍;引导型工具使用范围和引导力度存在局限,与生态文明建设中的“多元共治”目标及理念存在较大差距;能力建设方面制度供给成本高昂。未来需从以下四个方面调整优化:(1)要调整命令控制型工具运用领域,转变治理重心,提升社会整体福利水平;(2)要增强激励型工具的有效性,聚焦调整成本收益;(3)要数据赋能治理,降低交易信息成本;(4)要运用多元工具,强调主体责任与多元共治,降低社会治理成本。

新的制度安排或者说制度创新应该从如何调整工业固废资源化利用成本与收益的角度和如何市场化达成治理目标入手进行调整。本研究以交易成本理论为指引,在完善责权利配置、优化使用规制工具、调整制度供给和提高治理能力等方面提出了有针对性的对策建议。

综上所述,本研究以政策法律等正式制度为核心关切,以制度的有效性和规制效率为切入点,通过博弈分析、规制工具量化分析、规制效率和影响因素分析,以制度旨在降低交易成本、成本收益影响主体决策为方向和指引,进一步在完善博弈主体责权利配置、调整制度供给、推进多元共治和提高治理能力方面提出意见和建议,以期能够在"十四五"和未来更长的时期内有效推动工业固废资源化利用工作取得实效。

第二节　展　　望

工业固废"治标"与"治本"问题正是污染防治与资源化利用这两条路径的选择问题。后疫情时代,面对百年未有之大变局,工业作为国民经济发展砥柱,正向着绿色低碳循环方向发展。在此过程中,需要注重全生命周期的绿色生态设计、工业固废减量化和跨行业、跨部门的协同利用,同时积极整合和利用更加先进的技术,真正提高工业固废资源化利用的水平、规模和效益,实现工业经济的绿色发展。发展中产生的问题也必然会在发展中解决,工业固废问题也需在未来持续跟进研究。今后将会在以下方面持续跟踪关注该领域的演进与发展:

一是未来希望从微观层面开展进一步研究,通过微观数据的搜集和案例分析,考量微观层面完全成本与再生产品价值实现之间的关系,以期对后续政策法律制度的完善提供进一步的研究成果支撑。

二是未来将进一步开展工业固废资源化利用规制效率的指标体系构建,以期构建起切合实际的评价指标体系,指导实践。

三是本书将研究对象限定在一般工业固废,虽将危险废物排除在研究之外,但一般工业固废涵盖范围依然复杂和宽泛,未来针对具有突出特点和典型代表的大宗工业固废的资源化利用实践,仍有待深入开展细致研究。

四是持续关注工业固废资源化利用在协同"双碳"目标实现过程中的积极作用和现实意义,关注国内外具体案例的实践和启示。

未来工业固废资源化利用在 5G 技术、物联网、大数据以及区块链技术发展日渐成熟的基础上,在生态文明理念已经成为全社会共识的良好氛围下,在现代环境治理体系构建过程中,将会迎来治理的最好历史机遇期。

参考文献

[1] [英]奥格斯. 规制[M]. 中国人民大学出版社,2008.

[2] [美]R. 科斯,等. 财产权利与制度变迁[M]. 上海三联书店,1994.

[3] [美]保罗·R. 伯特尼. 环境保护的公共政策[M]. 上海人民出版社,2004.

[4] [美]莱斯特·M. 萨拉蒙. 政府工具:新治理指南[M]. 肖娜等译. 北京大学出版社,2016.

[5] [美]乔舒亚·法利,[印]迪帕克·马尔干. 超越不经济增长——经济、公平与生态困境[M]. 周冯琦等译. 上海社会科学院出版社,2018.

[6] 白辉,陈岩,王东,吴舜泽,高伟,郭怀成. 全国污染物排放总量减排与水环境质量改善的响应关系及其分区研究[J]. 北京大学学报(自然科学版),2020, 56(04):765—771.

[7] 曹平,尤海林. 我国循环经济促进法生产者责任延伸制度存在的问题与对策[J]. 广西社会科学,2013(10):102—106.

[8] 蔡士悦. 固体废弃物的全过程管理[J]. 经济与信息,1996(03):27—29.

[9] 曹文炼,张力炜. 第二个五年计划的编制与实施(1958—1962 年)[J]. 中国产经,2018(04):67—77.

[10] 操小娟,李佳维. 环境治理跨部门协同的演进——基于

政策文献量化的分析[J]. 社会主义研究,2019(03):84—93.

[11]曹婷,王建华,戴广旻. 工业固体废物回收再制造策略演化博弈研究[J]. 物流科技,2019,42(03):70—74.

[12]曹原. 政策工具发展历史及其分类探讨[J]. 现代商贸工业,2009,21(13):43—44.

[13]曾小庆. 简述我国工业固废处理中存在的问题及对策[J]. 化工管理,2017,32(No. 467):236.

[14]陈聪慧. 中日产业废弃物处理法律制度比较研究[D]. 中国政法大学出版社,2010.

[15]陈德敏. 我国资源综合利用的技术政策和法制环境[J]. 中国资源综合利用,2002(07):8—14.

[16]陈德敏. 循环经济的核心内涵是资源循环利用——兼论循环经济概念的科学运用[J]. 中国人口资源与环境,2004(02):13—16.

[17]陈德敏. 资源循环利用论[M]. 新华出版社,2006.

[18]陈光荣,王曦. 美国固体废物管理的法律调整[J]. 环境科学动态,1990(02):2—7.

[19]陈兰杰,赵元晨. 政策工具视角下我国开放政府数据政策文本分析[J]. 情报资料工作,2020,41(06):46—53.

[20]陈起俊,张瑞瑞,李超伟,赵温. 政策工具视角下我国建筑废弃物政策分析——基于2003—2018年的国家政策文本[J]. 生态经济,2020,36(06):196—203.

[21]陈小亮. 一般工业固体废物管理现状与对策研究——以上海市为例[J]. 环境保护科学,2019,45(06):21—24.

[22]陈兴鹏. 循环经济理论研究综述[J]. 中国人口·资源与环境,2014(S2):052.

[23]陈雅芝.国内外建筑垃圾资源化利用政策的比较研究[J].建筑技术,2019,50(03):342—345.

[24] 程娟,常艳军. 工业固体废物管理和利用对推动绿色发展的影响[J]. 资源节约与环保,2019(03):80.

[25] 程万高. 基于公共物品理论的政府信息资源增值服务供给机制研究[D]. 武汉大学,2010.

[26] 常纪文,杨朝霞. 环境法的新发展[M]. 中国社会科学出版社,2008.

[27] 崔爱红. 完善中国工业废弃物处理政策的对策建议——基于发达国家的经验与启示[D]. 青岛大学,2011.

[28] 崔妍. 国外政府规制理论研究述评[J]. 学理论,2015(1):51—52.

[29] 戴维·奥斯本,特德·盖布勒. 改革政府[M]. 周敦仁,等译. 上海译文出版社,2013:6.

[30] 戴燕艳. 关于循环经济产生及背景的理论思考[J]. 南方经济,2005,(05):30—32.

[31] 丹麦卡伦堡生态工业园新型工业发展方向[J]. 中国科技信息,2006(19):319—320.

[32] 道格拉斯·C. 诺思. 经济史中的结构与变迁[M]. 陈郁,罗华平译. 上海三联书店,上海人民出版社,1994:48—51.

[33] 邓宏图. 组织与制度:基于历史主义经济学的逻辑解释[M]. 经济科学出版社,2011:12.

[34] 邓琪,王琪,黄启飞. 在工业固体废物产生量预测中的应用[J]. 环境科学与技术,2012,35(6):180—183.

[35] 丁利. 制度激励、博弈均衡与社会正义[J]. 中国社会科学,2016(04):135—158.

[36] 丁宁,任亦侬,左颖. 绿色信贷政策得不偿失还是得偿所愿?——基于资源配置视角的 PSM-DID 成本效率分析[J]. 金融研究,2020(04):112—130.

[37] 董晨阳. 山西省工业固废综合利用管理政策研究

[D].山西大学,2016.

[38] 董发勤,徐龙华,彭同江,代群威,谌书.工业固体废物资源循环利用矿物学[J].地学前缘,2014, 21(05):302—312.

[39] 都昌杰,陆志方.工业废渣的综合利用概述[J].低温建筑技术,1988(2):18—20.

[40] 杜少甫,杜婵,梁樑,刘天卓.考虑公平关切的供应链契约与协调[J].管理科学学报,2010, 13(11):41—48.

[41] 杜根杰.我国大宗工业固废产业存在的主要问题[J].资源再生,2019(11):34—36.

[42] 杜根杰.我国大宗工业固废综合利用问题及未来发展趋势解读[J].混凝土世界,2018(11):12—16.

[43] 段礼乐.市场规制工具研究[M].清华大学出版社,2018.

[44] 段立哲,李金惠.巴塞尔公约发展和我国履约实践[J].环境与可持续发展,2020(5).

[45] 樊兴菊,王磊,王艺谦.基于文本分析的我国城市生活垃圾分类政策研究[J].再生资源与循环经济,2020, 13(09):5—8.

[46] 范厚明,李佳书,丁钦,张丽君.基于系统动力学模型的工业固废管理政策作用仿真[J].环境工程学报,2014, 008(006):2563—2571.

[47] 范继涛.矿产资源综合利用效益对福利影响研究[D].中国地质大学,2015.

[48] 方钦.经济学制度分析的源流、误识及其未来[J].南方经济,2018(12):98—128.

[49] 冯玉军.法经济学[M].中国人民大学出版社,2013.

[50] 甘迎.论我国工业废弃物循环利用制度[D].广西师范大学,2013.

[51] 高彩玲,黄正文,赵英明,等."固体废弃物"与"再生原

料"概念辨析[J].中国资源综合利用,2006,024(010):36—39.

[52]高建山,郑艳玲.基于生产者责任延伸的河北省工业固体废物管理制度研究[J].潍坊工程职业学院学报,2018,31(04):53—57.

[53]高秦伟.美国规制影响分析与行政法的发展[M].环球法律评论,2012(06):97.

[54]耿立峰,赵泽.非法处置废物罪的德国经验及其借鉴[J].江西社会科学,2021,41(04):216—225.

[55]耿涌,韩昊男,任婉侠.基于数据包络分析模型的工业固体废物管理效率评价[J].生态经济,2011(04):29—33.

[56]龚文娟.城市生活垃圾治理政策变迁——基于1949—2019年城市生活垃圾治理政策的分析[J].学习与探索,2020(02):28—35.

[57]谷国锋,黄亮,李洪波.基于公共物品理论的生态补偿模式研究[J].商业研究,2010(03):33—36.

[58]顾一帆,王怀栋,吴玉锋,等.再生资源供应链的结构、行为和绩效分析[J].中国人口·资源与环境,2017,27(7):46—52.

[59]顾一帆,吴玉锋,周广礼,左铁镛.跨维度资源循环制度设计理论及实证模拟[J].资源科学,2018,40(03):600—610.

[60]顾雨,徐广军,夏训峰,席北斗,周素霞.基于最优组合预测模型的中国工业固体废物产生量预测[J].环境污染与防治,2010,32(05):89—91.

[61]关华,齐卫娜,王胜洲,张云.环境污染治理中企业政府间博弈分析[J].经济与管理,2014,28(06):72—75.

[62]郭培章.国家计委发布《1989—2000年全国资源综合利用发展纲要》[J].粉煤灰综合利用,1989(2):1—5.

[63]郭新蕾.绿色视角下ZSP煤电企业纳税筹划的研究[D].华东交通大学,2020.

[64] 国务院. 关于大力推进信息化发展和切实保障信息安全的若干意见[J]. 中国信息安全,2012(8):16—16.

[65] 韩中华. 政府规制理论简介[J]. 党政论坛,2010(03):58—60.

[66] 郝雅琼. 固废废物全过程管理中固体废物鉴别研究[J]. 2016(02):110—115.

[67] 贺光银,方印,张海荣. 论国务院清洁生产综合协调部门职能[J]. 陕西行政学院学报,2017,31(01):74—78.

[68] 洪翠宝. 加速发展工业固体废物的再资源化[J]. 上海环境科学,1985(09):21—22.

[69] 胡捷. 地方立法中促进型法规的立法旨意与框架建构——以《城市文明促进条例》的制定为例[J]. 法制与社会,2020,000(004):133—134.

[70] 胡利勇.国外低价值可回收物利用政策综述[J].科技资讯,2016,14(08):149—151.

[71] 胡鸣明,杨美文. 基于政策工具的我国建筑垃圾资源化政策分析[J]. 建筑经济,2019,40(02):22—26.

[72] 胡学敏. 从"无废城市"看高能环境的"大固废"版图[J]. 城乡建设,2020 (01):46—47.

[73] 黄萃,苏竣,施丽萍,等. 政策工具视角的中国风能政策文本量化研究[J]. 科学研究,2011,2(96):76—82.

[74] 黄萃. 政策文献量化研究[M]. 科学出版社,2016.

[75] 黄进,于亚杰,兰明章. 工业固废综合利用技术和产品评价[M]. 中国标准出版社,2014.

[76] 黄少安,刘阳荷. 科斯理论与现代环境政策工具[J]. 学习与探索,2014(07):93—98.

[77] 黄少安. 制度经济学由来与现状解构[J]. 改革,2017(01):132—144.

[78] [美]加尔布雷思. 经济学和公共目标[M]. 商务印书馆,1980.

[79] 姜珂,游达明. 基于央地分权视角的环境规制策略演化博弈分析[J]. 中国人口·资源与环境. 2016(09):139—148.

[80] 姜玲,叶选挺,张伟. 差异与协同:京津冀及周边地区大气污染治理政策量化研究[J]. 中国行政管理,2017(08):126—132.

[81] 姜小毛,余伟. 上海资源综合利用总体水平领先全国[J]. 再生资源与循环经济,2020,13(07):46.

[82] 姜龙.燃煤电厂粉煤灰综合利用现状及发展建议[J].洁净煤技术,2020,26(04):31—39.

[83] 解洪涛,张建顺. 资源综合利用税收优惠政策效果再评估——基于税源调查数据的实证分析[J]. 当代财经,2020(3):38—49.

[84] 金碚. 资源约束与中国工业化道路[J]. 求是,2011(18):36—38.

[85] 金碚. 资源环境管制与工业竞争力[M]. 经济管理出版社,2010.

[86] 金梦. 法经济学基础理论的新发展——以芝加哥法经济学派为中心[J]. 重庆大学学报(社会科学版),2016,22(06):155—161.

[87] 柯华庆. 实效主义经济学方法论[J]. 社会科学战线,2010(12):30—48.

[88] 科斯. 企业、市场与法律[M]. 上海三联书店. 1990.

[89] 李波. 史记字频研究[M]. 商务印书馆,2005:244.

[90] 李春林,张华. 各地区工业固废治理的面板聚类分析[J]. 河北企业,2018(12):8—10.

[91] 林斯杰,蒋文博,许涓,郑洋,郭瑞.日本废弃物管理经验

对我国的启示[J].环境与可持续发展,2019,44(03):123—126.

[92]李国刚.日本废弃物的管理制度与研究现状Ⅱ日本废弃物问题的现状与对策[J].中国环境监测,1998(02):56—59.

[93]李国刚.日本废弃物的管理制度与研究现状Ⅰ日本废弃物问题的现状与对策[J].中国环境监测,1998(01):58—60.

[94]李金惠,段立哲,郑莉霞,谭全银,张宇平.固体废物管理国际经验对我国的启示[J].环境保护,2017,45(16):69—72.

[95]李金惠,段立哲.强化产生者责任,完善工业固废管理[J].中国生态文明,2020(04):26—28.

[96]李金惠,余嘉栋,缪友萍.我国固体废物处理处置演变情况分析[J].环境保护,2019,47(17):32—37.

[97]李金惠,张上,孙乾予.我国工业固体废物处理利用产业状况分析与展望[J].环境保护,2021,49(02):14—18.

[98]李金惠.2017年固体废物处理利用行业发展评述和2018年发展展望[J].资源再生,2018(03):14—16.

[99]李珂,尹辉.电子废弃物循环利用的产权制度分析[J].法制与经济(中旬刊),2009(05):65—67.

[100]李梦娜.循环经济理论研究[J].山西农经,2018,237(21):18—19.

[101]李妮.浅析清洁生产与循环经济的区别与联系[J].新西部,2012,000(005):70.

[102]李培.中小城市工业固体废物防治与管理措施探讨[J].企业家天地(理论版),2011,(6):257.

[103]李鹏梅.我国区域工业固废综合利用典型模式研究[J].中国工业评论,2016(11):70—78.

[104]李强,黄戏,毛美媚,周玮.基于共词分析的城市生活垃圾治理公共政策变迁量化分析[J].资源开发与市场,2021,37(02):173—179.

[105] 李树. 经济理性与法律效率——法经济学的基本理论逻辑[J]. 南京社会科学,2010(08).

[106] 李晓亮,董战峰,李婕旦,贾真,王青,葛察忠. 推进环境治理体系现代化　加速生态文明建设融入经济社会发展全过程[J]. 环境保护,2020, 48(09):25—29.

[107] 李为民. 废弃物的循环利用[M]. 化学工业出版社,2011.

[108] 李琰. 我国矿产资源综合利用法律制度研究[D]. 中国地质大学出版社,2013.

[109] 李玉基. 循环经济基本法律制度研究[M]. 法律出版社,2012.

[110] 李兆前,齐建国. 循环经济理论与实践综述[J]. 数量经济技术经济研究,2004(09):147—156.

[111] 李忠杰. 全面把握制度与治理的辩证关系[N]. 经济日报,2019-11-20(012).

[112] 梁邦利,杨雪锋,顾慧娜. 工业废弃物循环利用中企业合作机制的博弈分析[J]. 中国商界(上半月),2010(09):96—97.

[113] 梁智腾. 促进资源综合利用的税收政策研究——以高平市为例[D]. 山西财经大学,2016.

[114] 廖虹云,康艳兵,赵盟. UINEP 报告提出固体废弃物治理的全球解决方案[R]. 资源环境科学动态监测快报,2015(19).

[115] 循环经济行动计划政策要点及对我国的启示[J]. 中国发展观察,2020(11):55—58.

[116] 林斯杰,蒋文博,许涓,郑洋,郭瑞. 日本废弃物管理经验对我国的启示[J]. 环境与可持续发展,2019, 44(03):123—126.

[117] 刘炳春,齐鑫. 基于 PCA-SVR 模型中国工业固废产生量预测研究,河南师范大学学报(自然科学版),2020(01):69—74.

[118] 刘鹤.加快构建以国内大循环为主体、国内国际双循环相互促进的新发展格局(学习贯彻党的十九届五中全会精神)[N].人民日报,2020-11-25(06).

[119] 刘立超,杨敬增.发达国家资源综合利用体系概要分析[J].再生资源与循环经济,2014,7(02):40—44.

[120] 刘明皓.关于循环经济理论的初步探讨[J].重庆社会科学,2002(06):33—34.

[121] 刘鑫焱.朔州 淘尽煤灰始到金[N].人民日报,2013-07-15(10).

[122] 刘伟,李凤圣.产权通论[M].北京出版社,1998.

[123] 刘文颖,赵连荣,吴琪.我国砂石土类矿产管理政策量化研究——基于政策工具视角[J].资源与产业,2018,20(01):21—27.

[124] 刘洋.威廉姆森交易成本理论述评[D].湖南大学,2005.

[125] 卢福财,朱文兴.工业废弃物循环利用中企业合作的演化博弈分析——基于利益驱动的视角[J].江西社会科学,2012,32(10):53—59.

[126] 卢现祥,朱迪.中国制度变迁 40 年:回顾与展望——基于新制度经济学视角[J].人文杂志,2018(10):13—20.

[127] 卢现祥.转变制度供给方式,降低制度性交易成本[J].学术界,2017(10):36—49.

[128] 陆学,陈兴鹏.循环经济理论研究综述[J].中国人口·资源与环境,2014,24(S2):204—208.

[129] 罗庆明,侯琼,张宏伟,靳晓勤,胡华龙.工业固体废物产生者连带责任辨析及其适用[J].中国环境监测,2020,36(06):19—22.

[130] 麻智辉.国外解决城市固体废弃物的做法及其启示

[J].江西能源,2006(04):43—45.

[131] 马晓琴,赵雪凡.京津冀协同发展战略下的废弃物管理模式研究——兼论雄安新区废弃物的协同管理[J].经济论坛,2019(12):66—72.

[132] 马广奇.制度变迁理论:评述与启示[J].生产力研究,2005(07):225—227.

[133] 孟祥松.环境成本内部化的政府激励政策研究[D].河北大学,2016.

[134] 芈凌云,杨洁.中国居民生活节能引导政策的效力与效果评估——基于中国1996—2015年政策文本的量化分析[J].资源科学,2017,39(04):651—663.

[135] 牛冬杰,等.工业固体废物处理与资源化[M].冶金工业出版社,2007.

[136] 牛晓帆,安一民.交易成本理论的最新发展与超越[J].云南民族学院学报(哲学社会科学版),2003(01):80—84.

[137] 欧阳澍.基于低碳发展的我国环境制度架构研究[D].中南大学,2011.

[138] 潘峰,王琳.演化博弈视角下地方环境规制部门执法策略研究[J].管理工程学报,2020,34(03):65—73.

[139] 齐建国,陈新力,张芳.论生态文明建设下的生产者责任延伸[J].经济纵横,2016(12):12—21.

[140] 钱佳燮."工业"概念小议[J].学习与思考,1983(05):18.

[141] 秦鹏,王芳.跨界环境污染的形成与危害性[J].经济问题,2006(08):40—41.

[142] 秦燕飞.工业固废综合利用效率评价及产业化政策研究[D].太原科技大学,2016.

[143] [日]青木昌彦.制度经济学入门[M].中信出版

社,2017.

[144] 曲格平. 发展循环经济是 21 世纪的大趋势[J]. 当代生态农业,2002(Z1):18—20.

[145] 邱启文,温雪峰. 赴日本执行"无废城市"建设经验交流任务的调研报告[J]. 环境保护,2020,48(1):4.

[146] 冉连. 绿色治理:变迁逻辑、政策反思与展望——基于1978—2016 年政策文本分析[J]. 北京理工大学学报(社会科学版),2017,19(06):9—17.

[147] 单志峰. 国内外固体废物处理处置技术概况[J]. 工业安全与防尘,1999(10):6—11.

[148] 商务印书馆编辑部编. 辞源(修订本)[M]. 商务印书馆,1980:953.

[149] 沈旦申. 工业中的好街坊——谈利用工业废料生产建筑材料[J]. 科学大众(中学版),1964(7):264—265.

[150] 沈满洪,谢慧明. 公共物品问题及其解决思路——公共物品理论文献综述[J]. 浙江大学学报(人文社会科学版),2009,39(6):133—144.

[151] 沈满洪. 河长制的制度经济学分析[J]. 中国人口·资源与环境,2018,28(01):134—139.

[152] 沈满洪. 环境制度经济学的构建[J]. 生态经济,2000(02):6—10.

[153] 施惠生,施慧聪. 新加坡对固体废弃物管理的实践和面临的挑战[J]. 环境卫生工程,2016,14(1):9—13.

[154] 石玲丽. 工业固体废弃物管理中的困难及对策建议[J]. 中国资源综合利用,2019,37(04):127—129.

[155] 史晋川,沈国兵. 论制度变迁理论与制度变迁方式划分标准[J]. 经济学家,2002(1):41—46.

[156] 宋婧. 论能源法律制度的内生性互补与外生性互补

[J]. 郑州大学学报(哲学社会科学版),2018,51(3):38—42.

[157] 宋小龙,吴雯杰,杨建新,王景伟,杨义晨. 工业固体废物环境管理模式及研究进展[J]. 上海第二工业大学学报,2015,32(1):12—18.

[158] 苏亮瑜. 诺斯的忠告:跨越制度转型陷阱[J]. 南方金融,2016(1):10—13.

[159] 苏培添,魏国江,张玉珠. 中国环境规制有效性检验——基于技术创新的中介效应[J]. 科技管理研究,2020,40(22):223—233.

[160] 孙汉文,安建华,梁淑轩,康林. 固体废物污染状况分析与废物资源化的思考[J]. 河北大学学报(自然科学版),2006(05):506—514.

[161] 孙涛,温雪梅. 府际关系视角下的区域环境治理——基于京津冀地区大气治理政策文本的量化分析[J]. 城市发展研究,2017,24(12):45—53.

[162] 孙兴. 工业废渣的污染及资源化概况[J]. 国外环境科学技术,1983(02):34—37.

[163] 舒特驹,胡宪昌. 生态危机与现代领导的生态平衡观念[J]. 求实,1987(05):30—34.

[164] 谭志雄,任颖,韩经纬,陈思盈. 中国固体废物管理政策变迁逻辑与完善路径[J]. 中国人口·资源与环境,2021,31(02):100—110.

[165] 汤丽梅,王锐兰. 政策文本视野下上海市生活垃圾分类政策:历史演变与趋势探析[J]. 环境与发展,2020,32(08):7—9.

[166] 汤敏轩. 公共政策失灵:政策分析的一个新领域[J]. 中国行政管理,2004(12):79—83.

[167] 唐绍均. 论废弃产品的负外部性与生产者责任的延伸[J]. 经济经纬,2010(2):157—160.

[168] 唐绍均. 论生产者的延伸责任[J]. 学术论坛,2008(10):140—146.

[169] 唐绍均. 论废弃产品问题的界定、成因与制度因应[J]. 资源科学,2008(4):546—547.

[170] 唐绍均. 论生产者责任的延伸与企业社会责任理论的诠释[J]. 经济与管理研究,2009(09):118—122.

[171] 唐绍均. 论生产者责任的延伸与循环经济理论的诠释[J]. 山东科技大学学报(社会科学版),2013,15(05):46—51.

[172] 唐绍均. 论生产者责任延伸制度的行政管制机制[J]. 重庆大学学报(社会科学版),2011,17(05):84—89.

[173] 唐绍均. 论生产者责任延伸制度概念的淆乱与矫正[J]. 重庆大学学报(社会科学版),2009,15(04):115—119.

[174] 滕婧杰,胡楠,臧文超. 欧盟"零废弃"战略实施情况及其启示[J]. 世界环境,2020(03):37—39.

[175] 滕婧杰,赵娜娜,于丽娜,陈瑛,兰孝峰,李强峰.欧盟循环经济发展经验及对我国固体废物管理的启示[J].环境与可持续发展,2021,46(02):120—126.

[176] 田贵全. 德国的固体废物产生、利用及处理现状[J]. 环境科学动态,1998(03):27—30.

[177] 田亦尧,陈德敏. 无主物的意涵类型化界分及其面向再生资源利用的制度选择[J]. 中国人口·资源与环境,2015,25(1):170—176.

[178] 田亦尧,郑溯源. 环境合作治理中主导组织的制度建构及经济分析[J]. 财经问题研究,2019(05):26—32.

[179] 田亦尧. 环境问责归责原则的理论基础与制度思考[J]. 河南大学学报(社会科学版),2020,60(01):30—37.

[180] [瑞典]托马斯·思德纳. 环境与资源管理的政策工具[M]. 张蔚文,黄祖辉译. 上海三联书店,上海人民出版社,2005.

[181] 涂端午. 中国高等教育政策制定的宏观图景——基于1979—1998年高等教育政策文本的定量分析[J]. 北京大学教育评论,2007(04):53—65.

[182] 万筠,王佃利. 中国城市生活垃圾管理政策变迁中的政策表达和演进逻辑——基于1986—2018年169份政策文本的实证分析[J]. 行政论坛,2020,27(02):75—84.

[183] 万俊,陈丽娟. 绿色发展理念引领工业固体废物管理[J]. 区域治理,2019(33):79—81.

[184] 汪浩,贾川. 我国固废综合园区案例研究与发展建议[J]. 环境与可持续发展,2019,044(004):63—65.

[185] 汪万,杨坤. 责任式创新下多主体协同机制演化博弈研究[J]. 软科学,2020,34(06):17—25.

[186] 汪晓帆,郝亮,秦海波,苏利阳,刘卓男. 政策工具视角下中国耕地生态管护政策文本量化研究[J]. 中国土地科学,2018,32(12):15—23.

[187] 王爱君. 国外政府规制理论研究的演进脉络及其启示[J]. 山东工商学院学报,V. 28,No. 120(1):109—113.

[188] 王丛霞. 习近平生态文明思想内蕴的思维方法探析[J]. 北方民族大学学报,2020(04):109—114.

[189] 王迪,刘雪. 江苏省生态文明政策效力解构及其异质性政策工具评价[J]. 中国矿业大学学报(社会科学版),2020,22(06):44—53.

[190] 王冬梅,回蕴珉. 天津市工业固体废物产生量预测及对策研究[J]. 环境科学与技术. 2010(S2).

[191] 王红珍. 工业固废资源化创新技术热浪袭来[J]. 中国石油和化工,2018(05):50—51.

[192] 王华. 固体废物处置问题的探究[J]. 资源节约与利用,2016(07):182.

[193] 王明远."循环经济"概念辨析[J].中国人口·资源与环境,2005(06):17—22.

[194] 王谦,于楠楠.基于超效率 SBM-DEA 模型的山东省财政环境保护支出效率评价[J].经济与管理评论,2020(2):113—122.

[195] 王巧稚.英国资源综合利用政策模式对我国相关政策顶层设计的启示[J].中国环境管理,2013,005(4):16—21.

[196] 王青海.加快推进朔州工业固废综合利用示范基地建设的实践与思考[J].山西财税,2018,No.469(03):25—27.

[197] 王韶林.日本的废弃物回收利用[J].中国物资再生,1997(3):25—26.

[198] 王薇,李月.跨域生态环境治理的府际合作研究——基于京津冀地区海河治理政策文本的量化分析[J].长白学刊,2021(01):63—72.

[199] 王伟,袁光钰.我国的固体废物处理处置现状与发展[J].环境科学,1997(02):89—92.

[200] 王小军.污染防治法的经济分析[J].中国海洋大学学报(社会科学版),2016(1).

[201] 王雪.资源综合利用企业增值税即征即退税收策划探讨[J].纳税,2021,15(01):25—26.

[202] 王子强,杨朝飞.全国 2000 年环境保护规划纲要[Z].中国环境年鉴,1990.

[203] 卫民康.烟灰陶粒[J].建筑材料工业,1961(12):28—29.

[204] 魏峻青.国内外城市生活固体废弃物管理模式的比较研究[D].青岛大学,2011.

[205] 魏权龄.数据包络分析[M].科学出版社,2004.

[206] 文娜,李军.宁东能源化工基地工业固体废物综合利用

现状分析、预测及建议[J].再生资源与循环经济,2014,7(03):15—17.

[207]吴宾,滕蕾.社会科学研究如何间接影响政策变迁?——基于政策文献量化与知识图谱的分析[J].吉首大学学报(社会科学版),2021,42(02):35—46.

[208]吴滨,杨敏英.我国粉煤灰、煤矸石综合利用技术经济政策分析[J].中国能源,2012,34(11):8—11.

[209]吴浩李,向东.国外规制影响分析制度[M].中国法制出版社,2010.

[210]伍世安.论循环经济条件下的资源环境价格形成[J].财贸经济,2010(01):101—106.

[211]武冬青,郭琳.新加坡固体废物循环利用于填海造地技术的研究进展[J].环境科学研究,2018,31(07):1174—1181.

[212]武秋杰,吕振福,曹进成,周文雅.基于层次分析法的矿产资源节约集约利用水平评价[J].中国矿业,2021,30(01):33—39.

[213]中国环境保护产业协会固体废物处理利用委员会.我国工业固体废物处理利用行业2013年发展综述[J].中国环保产业,2014(12):10—16.

[214]席涛,吴秀尧,陈建伟.OECD监管影响分析:经济合作与发展组织(OECD)监管影响分析指引[M].中国政法大学出版社,2015.

[215]席涛.美国管制:从命令—控制到成本—收益分析[M].中国社会科学出版社,2006.

[216]夏勇,钟茂初.经济发展与环境污染脱钩理论及EKC假说的关系——兼论中国地级城市的脱钩划分[J].中国人口·资源与环境,2016,26(10):8—16.

[217]项娟,王德芳,吴迪,田阳.固体废弃物资源化的发展趋

向分析[J].冶金与材料,2018,38(05):173—174.

[218] 谢海燕.欧盟循环经济发展动态及对我国的启示[J].中国经贸导刊,2019(20):49—51.

[219] 熊艳,王岭.企业寻租、环境污染与规制优化:一个两阶段博弈分析[J].产业经济评论,2011,10(02):131—140.

[220] 徐淑民,陈瑛,滕婧杰,胡俊杰,薛宁宁.中国一般工业固体废物产生、处理及监管对策与建议[J].环境工程,2019,37(01):138—141.

[221] 徐顺青,程亮,陈鹏,刘双柳,高军.我国生态环境财税政策历史变迁及优化建议[J].中国环境管理,2020,12(03):32—39.

[222] 徐西安,徐金花,姜立岩,王修川,闫冬梅.低碳经济是发展循环经济的必然选择——浅谈我国工业固体废物资源化[J].再生资源与循环经济,2012,5(3):13—16.

[223] 徐扬.固体废物综合管理与无废城市建设[J].高科技与产业化,2019,No.283(12):68—72.

[224] 徐永模.固废资源化利用:需要突破的观念[J].混凝土世界,2018(07):8—10.

[225] 许良.中德固体废物污染犯罪比较研究[J].法制与经济(中旬),2012(03):26—27.

[226] 许元顺,赵泽华,张后虎,焦少俊,邵翔."清废行动2018"环境问题整改效果评估[J].生态与农村环境学报,2020,36(12):1556—1561.

[227] 薛建兰,王娟.民营企业环保责任税收激励法律问题研究——以资源综合利用企业所得税优惠为例[J].经济问题,2020(02):50—57.

[228] 薛亚洲,范继涛,王雪峰,等.北京等六省(市)矿山固废综合利用的思考[J].中国国土资源经济,2018,31(01):19—23.

[229] 谢海燕.欧盟循环经济发展动态及对我国的启示[J].中国经贸导刊,2019(20):49—51.

[230] 颜梅羹. 水工混凝土中掺用粉煤灰的经验介绍[J]. 人民长江,1957(11):33—38.

[231] 杨洪刚,中国环境政策工具的实施效果与优化选择[M]. 复旦大学出版社,2011.

[232] 杨俊,陆宇嘉. 基于三阶段 DEA 的中国环境治理投入效率[J]. 系统工程学报,2012,27(05):699—711.

[233] 杨辛夷. 环境规制工具类型与企业环境成本关系的实证分析[J]. 中国管理信息化,2019,22(21):4—8.

[234] 杨志军,耿旭,王若雪. 环境治理政策的工具偏好与路径优化——基于 43 个政策文本的内容分析[J]. 东北大学学报(社会科学版),2017,19(03):276—283.

[235] 姚海琳,张翠虹. 中国资源循环利用产业政策演进特征研究[J]. 资源科学,2018,40(03):567—579.

[236] 姚婷,曹霞,吴朝阳. 一般工业固体废物治理及资源化利用研究[J]. 经济问题,2019(09):53—61.

[237] 姚婷,卫丽. 山西工业固废资源综合利用问题及对策研究[J]. 山西财政税务专科学校学报,2021(01):38—41.

[238] 姚婷. 推进工业固体废弃物治理 助力全省生态文明建设[N]. 山西经济日报,2018-12-11(007).

[239] 姚婷. 用制度保护生态环境[N]. 山西日报,2018-12-11(014).

[240] 杨建新,宋小龙,徐成,等.工业固体废物生命周期管理方法与实践[M]. 中国环境出版社,2014.

[241] 杨名.日本循环经济法律制度研究[J].法制与社会,2010(16):97—98.

[242] 叶娟丽,韩瑞波,王亚茹. 我国环境治理政策的研究路

径与演变规律分析——基于 CNKI 论文的文献计量分析[J]. 吉首大学学报(社会科学版),2018,39(05):76—83.

　[243]伊凤娜. 2000—2014 年我国经济增长与废物产生的脱钩分析[J]. 经营与管理,2017(07):75—78.

　[244]于尔东. 基于循环经济价值链的环境成本计量[J]. 财会通讯,2018(05):69—73.

　[245]于海霞,李少寅. 工业废弃物管理模式及资源化利用探讨[J]. 科技展望,2015,25(21):163.

　[246]于洋,白杰. 城市一般工业固废堆场现状及整治对策研究[J]. 化工管理,2018(34):99—100.

　[247]玉梅. 加强工业固体废物资源综合利用　培育新的经济增长点——解读《工业固体废物资源综合利用评价管理暂行办法》和《国家工业固体废物资源综合利用产品目录》[J]. 中国轮胎资源综合利用,2018(06):11—14.

　[248]袁红姝. 浅谈工业固体废物处理技术[J]. 工业,2017(3):95—95.

　[249]臧文超,王芳. 坚持绿色发展,推进工业固体废物管理与利用处置[J]. 环境保护,2018,46(16):12—16.

　[250]张百灵. 正外部性理论与我国环境法新发展[D]. 武汉大学,2011.

　[251]张宝. 环境规制的法律构造[M]. 北京大学出版社,2018.

　[252]张宝兵. 我国城市静脉产业体系构建研究[D].首都经济贸易大学,2013.

　[253]张成福. 论政府治理工具及其选择[J]. 公共行政,2003(4):30—34.

　[254]张德江. 全国人民代表大会常务委员会执法检查组关于检查《中华人民共和国固体废物污染环境防治法》实施情况的

报告——2017 年 11 月 1 日在第十二届全国人民代表大会常务委员会第三十次会议上[J]. 中国人大,2017(21):11—18.

[255] 张复明,景普秋. 矿产开发的资源生态环境补偿机制研究[M]. 经济科学出版社,2010.

[256] 张国兴,高秀林,汪应洛,郭菊娥,汪寿阳. 中国节能减排政策的测量、协同与演变——基于 1978—2013 年政策数据的研究[J]. 中国人口·资源与环境,2014,24(12):62—73.

[257] 张鸿斌. 福建省石化行业固体废物管理问题及对策建议[J]. 资源节约与环保,2019(12):39—41.

[258] 张静波,刘志峰. 基于循环经济的工业废弃物资源化模式的社会效益评价[J]. 铜陵学院学报,2006(06):76—78.

[259] 张静波. 基于循环经济的工业废弃物资源化模式研究[D]. 合肥工业大学,2007.

[260] 张钧. 积渐所至:生态环境法的理论与实践[M]. 人民出版社,2015.

[261] 张萍,农麟,韩静宇. 迈向复合型环境治理——我国环境政策的演变、发展与转型分析[J]. 中国地质大学学报(社会科学版),2017,17(06):105—116.

[262] 张琦. 公共物品理论的分歧与融合[J]. 经济学动态,2015,No. 657(11):149—160.

[263] 张世秋. 中国环境管理制度变革之道:从部门管理向公共管理转变[J]. 中国人口资源与环境,2005,15(04):90—94.

[264] 张守金,赵静静,王立志. 山东省各市自然社会资源聚类分析研究[J]. 绿色科技,2019(20):248—252.

[265] 张寿荣,张卫东. 中国钢铁企业固体废弃物资源化处理模式和发展方向[J]. 钢铁,2017(4):5—6.

[266] 张同斌,张琦,范庆泉. 政府环境规制下的企业治理动机与公众参与外部性研究[J]. 中国人口·资源与环境,2017,

27(02):36—43.

[267] 张维迎. 博弈论与信息经济学[M]. 上海人民出版社,2004.

[268] 张五常. 经济解释(第二卷)[M]. 中信出版社,2019.

[269] 张兴松,钱敏. 浅谈工业固体废物现状及管理对策探讨[J]. 资源节约与环保,2016,9:275.

[270] 张越,唐旭. 欧盟循环经济新战略及其对中国的启示[J]. 教学与研究,2017(10):79—88.

[271] 张仲仪. 对我国工业固废管理和利用工作的探讨[J]. 中国环境管理,1998(08):4—35.

[272] 张鹏. 基于行为因素的供应链决策模型研究[D]. 对外经济贸易大学,2015.

[273] 赵京国. 简述西方政府规制理论的发展及其对中国的启示[J]. 山东省农业管理干部学院学报,2006(02):138—139.

[274] 赵丽娜,姚芝茂,武雪芳,等. 我国工业固体废物的产生特征及控制对策[J]. 环境工程,2013(1):464—469.

[275] 赵婉君,江浩芝,彭开鲜. 基于统计分析的固废产生量预测方法初探[J]. 广东化工,2015,42(12):55.

[276] 赵曦,吴姗姗,陆克定. 中国固体废物综合处理产业园现状、问题及对策[J]. 环境科学与技术,2020,43(08):163—171.

[277] 赵细康. 直面挑战实现环境管理战略转型[N]. 中国环境报,2013-08-27(002).

[278] 赵筱媛,苏竣. 基于政策工具的公共科技政策分析框架研究[J]. 科学学研究,2007,2(51):52—56.

[279] 赵子佩. 联邦德国工业固体废物的处理与管理[J]. 上海环境科学,1990,009(003):40—42.

[280] 郑朝晖. 长江经济带固废治理需要综合解决方案[J]. 中国环境管理,2021,13(02):143—144.

[281] 郑代良. 改革开放以来中国高新技术产业政策研究[D]. 华中科技大学,2011.

[282] 郑宇. 全球化、工业化与经济追赶[J]. 世界经济与政治,2019(11):105—128.

[283] 中共中央关于制定国民经济和社会发展第十四个五年规划和二〇三五年远景目标的建议[N]. 人民日报,2020-11-04(001).

[284] 中国环境科学学会办公室. 固体废物污染控制会议筹备情况[J]. 环境与可持续发展,1980(14).

[285] 中华人民共和国固体废物污染环境防治法[J]. 中华人民共和国全国人民代表大会常务委员会公报,2020(02):414—430.

[286] 周炳炎,郭平,王琪. 固体废物相关概念的基本特点[J]. 环境污染与防治,2005(08):615—617.

[287] 周炳炎. 制定固体废物鉴别标准的方法探讨[J]. 再生资源与循环经济,2013,09:18—22.

[288] 周吉光,陈安国,杜敏. 国外关于矿产资源回收与综合利用政策的研究动态述评[J]. 河北地质大学学报,2018,041(001):96—103.

[289] 周林彬,何朝丹. 公共利益的法律界定探析——一种法律经济学的分析进路[J]. 甘肃社会科学,2006(01):130—137.

[290] 周峤. 雾霾损失和协同防治政策研究[D]. 中国科学技术大学,2017.

[291] 周鑫,贾中帅. 我国现行固废处理政策法规分析[J]. 现代矿业,2019(12):1—6.

[292] 朱·弗登博格,让·梯若尔. 博弈论[M]. 姚洋校,黄涛译. 中国人民大学出版社,2010.

[293] 朱昌晶. 正确处理五个关系推进粉煤灰综合利用

[J]. 中国建材,1991(07):8—9.

[294] 朱玲. 乡村废弃物管理制度的形成与发展[J]. 劳动经济研究,2019, 7(05):3—30.

[295] 朱清. "谁污染、谁治理"原则的法经济学证伪[C]. 中国环境科学学会. 2011 中国环境科学学会学术年会论文集(第三卷). 2011:259—264.

[296] 邹锦吉. 绿色金融政策、政策协同与工业污染强度——基于政策文本分析的视角[J]. 金融理论与实践,2017(12):71—74.

[297] Albert A. O., Olutayo F. S. Cultural dimensions of environmental problems: A critical overview of solid waste generation and management in Nigeria[J]. American International Journal of Multidisciplinary Scientific Research, 2021, 8(1):1-15.

[298] Al-Qaydi S. Industrial solid waste disposal in Dubai, UAE: A study in economic geography[J]. Cities, 2006, 23(2):140-148.

[299] Armijo C., Puma A., Ojeda S. A set of indicators for waste management programs[C]// International Conference on Environmental Engineering & Applications, 2011.

[300] Barik S. P., Park K. H., Nam C. W. Process development for recovery of vanadium and nickel from an industrial solid waste by a leaching-solvent extraction technique[J]. Journal of Environmental Management, 2014, 146:22-28.

[301] Căilean D., Teodosiu C. An assessment of Romanian solid waste management system based on sustainable development indicators[J]. Sustain. Prod. Cons., 2016, 10:45-56.

[302] Cary Coglianese, Jennifer Nash. Regulating from the

inside: Can environmental management systems achieve policy goals? [J]. Resources for the Future, 2002, 117(1):146-148.

[303] Chen B., Yang J. X., Ouyang Z. Y. Life cycle assessment of internal recycling options of steel slag in Chinese iron and steel industry[J]. Journal of Iron & Steel Research, 2011 (7):33-40.

[304] David Levi-Faur(Editor), Handbooks on the politics of regulation[M]. Edward Elgar, 2011.

[305] Desrochers P. Cities and industrial symbiosis: Some historical perspectives and policy implications[J]. Journal of Industrial Ecology, 2001, 5(4):29-44.

[306] Elhacham E., Ben-Uri L., Grozovski J., Bar-On Y., Milo R. Global human-made mass exceeds all living biomass [J]. Nature, 2020, 588(7838):1-3.

[307] Ferronato N., Ragazzi M., Gorritty M., Lizarazu E., Torretta V. How to improve recycling rate in developing big cities: An integrated approach for assessing municipal solid waste collection and treatment scenarios[J]. Environmental Development, 2019, 29: 94-110.

[308] Foster A., Roberto S., Igari A. Circular economy and solid waste: A systematic review on environmental and economic efficiency [C]. ENGEMA International Meeting on Business Management and Environment, 2016.

[309] Gaeta G. L., Ghinoi S., Silvestri F., Tassinari M. Innovation in the solid waste management industry: Integrating neoclassical and complexity theory perspectives[J]. Waste Management, 2021, 120(11):50-58.

[310] Gary D. Libecap. Economic variables and the develop-

ment of the law: The case of western mineral rights[J]. The Journal of Economic History, 1978, 38(2):338-362.

[311] Geels F. W. From sectoral systems of innovation to socio-technical systems: Insights about dynamics and change from sociology and institutional theory [J]. Research Policy, 2004, 33(6-7):897-920.

[312] Geissdoerfer M., Savaget P., Bocken N., Hultink E. The circular economy—a new sustainability paradigm? [J]. Journal of Cleaner Production, 2016,143(1):757-768.

[313] Gertsakis J., Lewis H. Sustainability and the waste management hierarchy[R]. Victoria: EcoRecycle, 2003.

[314] Grodzińska-Jurczak M., Tomal P., Tarabuła-Fiertak M., Nieszporek K. Effects of an educational campaign on public environmental attitudes and behavior in Poland[J]. Resources, Conservation and Recycling, 2006, 46(2):182-197.

[315] Gunningham, Grabosky, Sinclair P. Smart regulation: Designing environmental policy [J]. Oxford Socio-legal Studies, 1998.

[316] Hirth L. The optimal share of variable renewables: How the variability of wind and solar power affects their welfare-optimal deployment[J]. The Energy Journal, 2015.

[317] Hodgson, Geoffrey, M. What is the essence of institutional economics? [J]. Journal of Economic Issues, 2000, 34(2):317-329.

[318] Hood C. C. The tools of government[M]. Brain Behav Evol, 1983.

[319] Horwitz M. J. Law and Economics: Science or Politics[J]. Hofstra L. Rev., 1980, 16(3):1-10.

[320] Howlett M., Ramesh M. Studying public policy: Policy cycles and policy subsystems [M]. Oxford: Oxford University Press, 1995.

[321] Karmperis A. C., Aravossis K., Tatsiopoulos I. P., Sotirchos A. Decision support models for solid waste management: Review and game-theoretic approaches [J]. Waste Management, 2013, 33(5):1290-1301.

[322] Kaushal R. K., Nema A. K. Game theory-based multistakeholder planning for electronic waste management [J]. Journal of Hazardous Toxic & Radioactive Waste, 2013, 17(1): 21-30.

[323] Lacy P., Rutqvist J. Waste to wealth: The circular economy advantage[M]. Palgrave Macmillan UK, 2015.

[324] Li C., Yuan B., Zhang Y. Effect assessment of ecological construction in China from 2008 to 2014[J]. Polish Journal of Environmental Studies, 2019, 28(3):1241-1246.

[325] Linder S., Peters B. G. The logic of public policy design: Linking policy actors and plausible instruments [J]. Knowledge & Policy, 1991, 4(1-2):125-151.

[326] Lindhqvist T. Extended producer responsibility in cleaner production: Policy principle to promote environmental improvements of product systems[D]. Lunds Universited Doctoral Dissertation, 2000.

[327] Liu X., Liu B., Shishime T., Yu Q., Bi J., Fujitsuka T. An empirical study on the driving mechanism of proactive corporate environmental management in China[J]. Journal of Environmental Management 2010, 91: 1707-1717.

[328] Małecka M. Posnerversus Kelsen: The challenges for

scientific analysis of law[J]. European Journal of Law & Economics, 2016, 43(3):1-22.

[329] Manowong E. Investigating factors influencing construction waste management efforts in developing countries: An experience from Thailand[J]. Waste Management & Research, 2012, 30(1): 56-71.

[330] Mbuligwe S. E. Institutional solid waste management practices in developing countries: A case study of three academic institutions in Tanzania[J]. Resources Conservation & Recycling, 2002, 35(3):131-146.

[331] Mcdonnell L. M., Elmore R. F. Getting the job done: Alternative policy instruments[J]. Educational Evaluation and Policy Analysis, 1987, 9(2):133-152.

[332] M. D. Tran. Waste source owners in the industrial solid waste management in Vietnam[J]. E3S Web of Conferences, 2021, 258: 08010.

[333] Nasiri F., Zaccour G. An exploratory game-theoretic analysis of biomass electricity generation supply chain[J]. Energy Policy, 2009, 37, 4514-4522.

[334] Park, Young J. Assessing determinants of industrial waste reuse: The case of coal ash in the United States[J]. Resources Conservation & Recycling, 2014, 92: 116-127.

[335] Proops J. Economics of natural resources and the environment[J]. Ecological Economics, 1991, 3(3):263-265.

[336] Rechtschaffen C., Gauna E. P. Environmental justice: Law, policy, and regulation[M]. Carolina Academic Press, 2002.

[337] Rigamonti L., Sterpi I., Grosso M. Integrated munic-

ipal waste management systems: An indicator to assess their environmental and economic sustainability[J]. Ecological Indicators, 2016, 60: 1-7.

[338] Robert G. Lee. Kaushik Basu. The republic of beliefs: A new approach to law and economics[J]. Journal of Law and Society, 2019, 46(2).

[339] Samuelson, Paul A. The pure theory of public expenditure[J]. Review of Economics & Statistics, 1954, 36(4): 387-389.

[340] Sarkis J., Dijkshoorn J. Economic and environmental efficiency of solid waste management: The Welsh case[J]. SSRN Electronic Journal, 2007.

[341] Silva F. C., Shibao F. Y., Kruglianskas I., Barbieri J. C., Sinisgalli P. Circular economy: Analysis of the implementation of practices in the Brazilian network [J]. Revista de Gestão, 2018, 26(1).

[342] Smith H. E., Ramello G. B., Marciano A. Complexity and the Cathedral: Making law and economics more Calabresian[J]. SSRN Electronic Journal, 2019.

[343] Song X., Yang J., Lu B., Bo L. Exploring the life cycle management of industrial solid waste in the case of copper slag[J]. Waste Management & Research, 2013, 31(6):625-633.

[344] Tone K. A slacks-based measure of efficiency in data envelopment analysis[J]. European Journal of Operational Research, 2001, 130(3):498-509.

[345] W. I. Jenkins. Policy analysis: A political and organizational perspective[M]. London: Martin Robertson, 1978.

[346] Williamson O. The Economic Institutions of Capital-

ism: Firms, Markets, Relational Contracting[J]. China Social Sciences Pub. House, 1999.

[347] Wolf A., Eklund M., Söderström M. Developing integration in a local industrial ecosystem—an explorative approach[J]. Business Strategy & the Environment, 2010, 16(6): 442-455.

[348] Zhang X., Luo K., Tan Q. A game theory analysis of China's agri-biomass-based power generation supply chain: A co-opetition strategy[J]. Energy Procedia, 2017, 105: 168-173.

[349] Zhang X., Zhou M., Li J., Wei L., Wang Z. Analysis of driving factors on China's industrial solid waste generation: Insights from critical supply chains[J]. Science of the Total Environment, 2021.

[350] Zink T., Geyer R. Circular economy rebound[J]. Journal of Industrial Ecology, 2017, 3: 593-602.

附　表

附表 1　我国工业固废治理政策法律文本汇总表

年份	编号	文本名称	发布时间	效力	发布单位	文号	效力等级	效力赋分
2020	1	关于构建现代环境治理体系的指导意见	2020/3/3	现行有效	中共中央国务院		党内法规	5
2020	2	关于进一步加强塑料污染治理的意见	2020/1/16	现行有效	国家发改委生态环境部		国务院公报	4
2019	3	关于加快推进工业节能与绿色发展的通知	2019/3/19	现行有效	工业和信息化部办公厅 国家开发银行办公厅	发改环资〔2020〕80号	国务院部门文件	3
2018	4	国务院办公厅关于印发"无废城市"建设试点工作方案的通知	2018/12/29	现行有效	国务院办公厅	国办发〔2018〕128号	国务院部门文件	3

附表

（续表）

年份	编号	文本名称	发布时间	效力	发布单位	文号	效力等级	效力赋分
2018	5	中华人民共和国环境保护税法	2016/12/25 2018/10/26	现行有效	全国人大常委会		法律	5
2018	6	中华人民共和国循环经济促进法	2008/8/29 2018/10/26	现行有效	全国人大常委会		法律	5
2018	7	中华人民共和国土壤污染防治法	2018/8/31	现行有效	全国人大常委会		法律	5
2018	8	工业固体废物资源综合利用评价管理暂行办法及国家工业固体废物资源综合利用产品目录	2018/5/15	现行有效	工业和信息化部	工业和信息化部公告 2018 年第 26 号	国务院部门文件	3
2018	9	关于环境保护税有关问题的通知	2018/3/30	现行有效	财政部 税务总局 生态环境部	财税〔2018〕23 号	国务院部门文件	3
2018	10	"中国制造2025"国家级示范区评估指南（暂行）	2018/1/24	现行有效	国家制造强国建设领导小组办公室	工信厅规〔2018〕14 号	国务院部门文件	3

（续表）

年份	编号	文本名称	发布时间	效力	发布单位	文号	效力等级	效力赋分
2017	11	中华人民共和国环境保护税法实施条例	2017/12/25	现行有效	国务院	中华人民共和国国务院令（第693号）	国务院文件	4
2017	12	关于加强长江经济带工业绿色发展的指导意见	2017/6/30		工业和信息化部 发展改革委 科技部 财政部 环境保护部	工信部联节[2017]178号	国务院部门文件	3
2017	13	禁止洋垃圾入境推进固体废物进口管理制度改革实施方案	2017/7/18	现行有效	国务院办公厅	国办发[2017]70号	国务院文件	4
2017	14	中华人民共和国水污染防治法	1984/5/11 1996/5/15 2008/2/28 2017/6/27	现行有效	全国人大常委会	主席令第70号	法律	5
2017	15	"十三五"资源领域科技创新专项规划	2017/5/28	现行有效	科技部 国土资源部 水利部	国科发社[2017]128号	国务院部门文件	3

（续表）

年份	编号	文本名称	发布时间	效力	发布单位	文号	效力等级	效力赋分
2016	16	关于印发"十三五"节能减排综合工作方案的通知	2016/12/20	现行有效	国务院	国发〔2016〕74号	国务院文件	4
2016	17	关于印发"十三五"生态环境保护规划的通知	2016/11/24	现行有效	国务院	国发〔2016〕65号	国务院文件	4
2016	18	中华人民共和国固体废物污染环境防治法	1995/10/30 2004/12/29 2013/6/29 2015/4/24 2016/11/7 2020/4/29	现行有效	全国人大常委会	主席令第57号	法律	5
2016	19	工业和信息化部关于印发《工业绿色发展规划(2016—2020年)》的通知	2016/6/30	现行有效	工业和信息化部	工信部规〔2016〕225号	国务院部门文件	3
2016	20	国务院关于印发土壤污染防治行动计划的通知	2016/5/28	现行有效	国务院	国发〔2016〕31号	国务院文件	4

（续表）

年份	编号	文本名称	发布时间	效力	发布单位	文号	效力等级	效力赋分
2016	21	关于印发国家循环经济试点示范典型经验的通知	2016/5/4	现行有效	国家发展和改革委员会（含原国家发展计划委员会、原国家计划委员会）、财政部	发改环资〔2016〕965号	国务院部门文件	3
2016	22	国家创新驱动发展战略纲要	2016/5/1	现行有效	中共中央　国务院		纲领性文件、国务公报	4
2015	23	关于开展工业固体废物综合利用基地建设试点验收工作的通知	2015/12/14		工业和信息化部		国务院部门工作文件	2
2015	24	关于加强企业环境信用体系建设的指导意见	2015/11/27	现行有效	环境保护部（已撤销）国家发展和改革委员会（含原国家发展计划委员会、原国家计划委员会）	环发〔2015〕161号	国务院部门文件	3

附　表

（续表）

年份	编号	文本名称	发布时间	效力	发布单位	文号	效力等级	效力赋分
2015	25	工业和信息化部关于组织开展第二批工业产品生态（绿色）设计示范企业创建工作的通知	2015/8/24	现行有效	工业和信息化部	工信部节函〔2015〕428号	国务院部门工作文件	2
2015	26	工业和信息化部关于印发《京津冀及周边地区工业资源综合利用产业协同发展行动计划（2015—2017年）》的通知	2015/7/3	现行有效	工业和信息化部	工信部节〔2015〕229号	国务院部门文件	3
2015	27	国务院关于印发《中国制造2025》的通知	2015/5/8	现行有效	国务院	国发〔2015〕28号	国务院文件	4
2015	28	中共中央国务院关于加快推进生态文明建设的意见	2015/5/20	现行有效	中共中央国务院		国务院公报	4

（续表）

年份	编号	文本名称	发布时间	效力	发布单位	文号	效力等级	效力赋分
2014	29	煤矸石综合利用管理办法（2014年修订版）	2014/12/22	现行有效	国家发展和改革委员会科学技术部工业和信息化部财政部国土资源部环境保护部住房和城乡建设部税务总局国家质量监督检验检疫总局国家安全生产监督管理总局	国务院公报18号令	国务院公报	4
2014	30	工业和信息化部关于组织开展工业产品生态设计示范企业创建工作的通知	2014/7/2	现行有效	工业和信息化部	工信部节函[2014]308号	国务院部门文件	3

（续表）

年份	编号	文本名称	发布时间	效力	发布单位	文号	效力等级	效力赋分
2014	31	关于促进生产过程协同资源化处理城市及产业废弃物工作的意见	2014/5/6	现行有效	国家发展和改革委员会（含原国家发展计划委员会、原国家计划委员会）科学技术部 工业和信息化部	发改环资〔2014〕884号	国务院部门文件	3
2014	32	中华人民共和国环境保护法	1979/9/13（失效）1989/12/26 2014/4/24	现行有效	全国人大常委会		法律	5
2014	33	国家发展改革委办公厅关于组织开展第二批资源综合利用"双百工程"建设的通知	2014/2/26	现行有效	国家发展和改革委员会办公厅	发改办环资〔2014〕437号	国务院部门工作文件	2
2014	34	科技部、工业和信息化部关于印发2014—2015年节能减排科技专项行动方案的通知	2014/2/19	现行有效	科学技术部 工业和信息化部	国科发计〔2014〕45号	国务院部门文件	3

（续表）

年份	编号	文本名称	发布时间	效力	发布单位	文号	效力等级	效力赋分
2014	35	工业和信息化部办公厅、国家安全监管总局办公厅关于组织推荐尾矿综合利用示范工程的通知	2014/1/13	现行有效	工业和信息化部办公厅 国家安全监管总局办公厅	工信厅联节函[2014]10号	国务院部门工作文件	2
2013	36	国务院关于印发全国资源型城市可持续发展规划（2013—2020年）的通知	2013/11/12	现行有效	国务院	国发〔2013〕45号	国务院文件	4
2013	37	国家安全监管总局等七部门关于印发深入开展尾矿库综合治理行动方案的通知	2013/5/8	现行有效	国家安全监管总局等七部门	安监总管一[2013]58号	国务院部门文件	3
2013	38	国务院关于印发循环经济发展战略及近期行动计划的通知	2013/1/23	现行有效	国务院	国发〔2013〕5号	国务院文件	4

年份	编号	文本名称	发布时间	效力	发布单位	文号	效力等级	效力赋分
2013	39	粉煤灰综合利用管理办法	2013/1/5	现行有效	国家发展和改革委员会 科学技术部 工业和信息化部 财政部 国土资源部 环境保护部 住房和城乡建设部 交通运输部 国家税务总局 国家质量监督检验检疫总局	国务院公报第19号	国务院公报	4
2012	40	国务院关于印发"十二五"节能环保产业发展规划的通知	2012/6/16		国务院	国发〔2012〕19号	国务院文件	4

（续表）

年份	编号	文本名称	发布时间	效力	发布单位	文号	效力等级	效力赋分
2012	41	科技部、发展改革委、工业和信息化部、环境保护部、住房城乡建设部、商务部、中科院关于印发《废物资源化科技工程十二五专项规划》的通知	2012/4/13	已失效	科学技术部 国家发展和改革委员会 工业和信息化部 环境保护部 住房和城乡建设部 商务部 中国科学院	国科发计〔2012〕116 号	国务院部门文件	3
2012	42	国家发展改革委办公厅关于开展资源综合利用"双百工程"建设的通知	2012/3/27	现行有效	国家发展和改革委员会办公厅	发改办环资〔2012〕726 号	国务院部门文件	3
2012	43	2012 年工业节能与综合利用工作要点	2012/3/16	现行有效	工业和信息化部	工信厅节〔2012〕56 号	国务院部门工作文件	2
2011	44	大宗工业固体废物综合利用"十二五"规划	2011/12/17	现行有效	工业和信息化部	工信部规〔2011〕600 号	国务院部门文件	3

附　表

（续表）

年份	编号	文本名称	发布时间	效力	发布单位	文号	效力等级	效力赋分
2011	45	国务院关于印发国家环境保护"十二五"规划的通知	2011/12/15	现行有效	国务院	国发[2011]42号	国务院文件	4
2011	46	国务院关于加强环境保护重点工作的意见	2011/10/17	现行有效	国务院	国发[2011]35号	国务院文件	4
2011	47	国务院关于印发"十二五"节能减排综合性工作方案的通知	2011/8/31		国务院	国发[2011]26号	国务院文件	4
2011	48	工业和信息化部办公厅关于开展工业固体废物综合利用基地建设试点工作的通知	2011/2/25	现行有效	工业和信息化部办公厅	工信厅节[2011]32号	国务院部门文件	3
2010	49	关于印发《2010年工业节能与综合利用工作要点》的通知	2010/3/18	现行有效	工业和信息化部	工信厅节函[2010]188号	国务院部门文件	3
2007	50	国务院关于印发国家环境保护"十一五"规划的通知	2007/11/22		国务院	国发[2007]37号	国务院文件	4

（续表）

年份	编号	文本名称	发布时间	效力	发布单位	文号	效力等级	效力赋分
2007	51	国务院关于印发节能减排综合性工作方案的通知	2007/5/23		国务院	国发〔2007〕15号	国务院文件	4
2006	52	"十一五"资源综合利用指导意见	2006/12/24	已失效	国家发展和改革委员会	发改环资〔2006〕2913号	国务院部门文件	3
2005	53	国务院关于加快发展循环经济的若干意见	2005/7/2	现行有效	国务院	国发〔2005〕22号	国务院文件	4
2005	54	国务院办公厅关于进一步推进墙体材料革新和推广节能建筑的通知	2005/6/6	现行有效	国务院办公厅	国办发〔2005〕33号	国务院文件	3
2003	55	国务院关于印发中国21世纪初可持续发展行动纲要的通知	2003/1/14	现行有效	国务院	国发〔2003〕3号	国务院文件	4
2003	56	国家环境保护总局关于印发2003年全国环境保护工作要点的通知	2003/1/23	现行有效	国家环境保护总局	环发〔2003〕22号	国务院部门文件	3

附　表

（续表）

年份	编号	文本名称	发布时间	效力	发布单位	文号	效力等级	效力赋分
2001	57	关于印发《国家环境保护"十五"计划》的通知	2001/12/30	现行有效	国家环保总局 国家计委 国家经贸委 财政部	环发〔2001〕210号	国务院部门文件	3
2001	58	关于印发《能源节约与资源综合利用"十五"规划》的通知	2001/10/10		国家经贸委	国经贸资源[2001]1018号	国务院部门文件	3
2001	59	关于加快发展环保产业的意见	2001/7/3	现行有效	国家经贸委 国家计委 科技部 财政部 建设部 中国人民银行 国家税务总局 国家质检总局		国务院部门文件	3
2001	60	关于印发《国家环境科技发展"十五"计划纲要》的通知	2001/5/23	现行有效	国家环境保护总局	环发[2001]76号	国务院部门文件	3

（续表）

年份	编号	文本名称	发布时间	效力	发布单位	文号	效力等级	效力赋分
1997	61	关于"九五"期间加强污染控制工作的若干意见	1997/2/14	现行有效	国家环境保护总局		国务院部门文件	3
1996	62	国务院批转国家经贸委等部门关于进一步开展资源综合利用意见的通知	1996/8/31	现行有效	国务院	国国[1996]36号	国务院文件	4
1989	63	国家计委关于印发《一九八九—二〇〇〇年全国资源综合利用发展纲要》的通知	1989/1/10	现行有效	原国家发展计划委员会原国家计划委员会		国务院部门文件	3
1985	64	国务院批转国家经委《关于开展资源综合利用若干问题的暂行规定》的通知	1985/9/30	失效	国务院	国发[1985]117号	国务院文件	4
2009	65	中华人民共和国矿产资源法	1986/3/19 1996/8/29 2009/8/27	现行有效	全国人大常委会		法律	5

附　表

（续表）

年份	编号	文本名称	发布时间	效力	发布单位	文号	效力等级	效力赋分
2011	66	"十二五"资源综合利用指导意见	2011	现行有效	国家发展和改革委员会（原国家计划委员会）	发改环资〔2011〕2919 号	国务院部门文件	3
2011	67	大宗固体废物综合利用实施方案	2011/12/11	现行有效	国家发展和改革委员会（原国家计划委员会）	发改环资〔2011〕2919 号	国务院部门文件	3
2011	68	矿产资源节约与综合利用"十二五"规划	2011/11/15	失效	国土资源部（已撤销）	国土资发〔2011〕184 号	国务院部门文件	3
2012	69	中华人民共和国清洁生产促进法	2012/2/29 2002	现行有效	全国人大常委会	中华人民共和国主席令第 54 号	法律	5
2010	70	关于加快培育和发展战略性新兴产业的决定	2010/10/10	现行有效	国务院	国发〔2010〕32 号	国务院文件	4

（续表）

年份	编号	文本名称	发布时间	效力	发布单位	文号	效力等级	效力赋分
2008	71	资源综合利用企业所得税优惠目录（2008年版）	2008/8/20	现行有效	财政部 国家税务总局 国家发展和改革委员会（含原国家发展计划委员会原国家计划委员会）	财税〔2008〕117号	国务院部门文件	3
2008	72	关于资源综合利用及其他产品增值税政策的通知	2008/12/09	现行有效	财政部 国家税务总局	财税〔2008〕156号	国务院部门文件	3
2016	73	国务院办公厅关于促进建材工业稳增长调结构增效益的指导意见	2016/5/5	现行有效	国务院办公厅	国办发〔2016〕34号	国务院文件	3
2018	74	关于创新和完善促进绿色发展价格机制的意见	2018/6/21		国家发改委	发改价格规〔2018〕943号	国务院部门文件	3
2017	75	禁止洋垃圾入境推进固体废物进口管理制度改革实施方案	2017/7/18		国务院办公厅	国办发〔2017〕70号	国务院文件	3

附表2　固废治理领域政策文件概况表(1973—2021)

固废治理政策	资源综合利用政策	年份	政策文件
		1973	国家计委《关于保护和改善环境的若干规定(试行草案)》
		1985	国家经委《关于开展资源综合利用若干问题的暂行规定的通知》(国发[1985]117号)
		1986	国家经委、财政部《资源综合利用目录》(1986年修订)
		1989	国家计委《1989—2000全国资源综合利用发展纲要》
	资源综合利用政策	1989	国家计委《资源综合利用项目与新建和扩建工程实行"三同时"的若干规定》(计资[1989]1411号)
		1989	国家计委《资源综合利用项目"三同时"目录》(1989)
		1996	国家经贸委、国家计委、财政部、国家税务总局《资源综合利用目录》(国经贸资[1996]809号)
		1994	《关于企业所得税若干优惠政策的通知》(财税字[1994]001号)
		1996	《关于继续对部分资源综合利用产品等实行增值税优惠政策的通知》(财税字[1996]20号)
		1994	《关于印发固定资产投资方向调节税"资源综合利用、仓储设施"税目税率注释的通知》(国税发[1994]008号)
		1996	《关于继续对废旧物资回收经营企业等实行增值税优惠政策的通知》(财税字[1996]21号)

（续表）

	1999	《关于推进住宅产业现代化提高住宅质量的若干意见的通知》（国办发〔1999〕72号）
	2001	财政部、国家税务总局《关于部分资源综合利用及其他产品增值税政策问题的通知》（财税〔2001〕198号）
	2004	国家发改委、国土资源部、经贸委、建设部和农业部、联合发布《关于印发进一步做好禁止使用实心砖工作的2004意见的通知》（发改环资〔2004〕249号）
	2005	国务院办公厅关于进一步推进墙体材料革新和推广节能建筑的通知（国办发〔2005〕33号）
资源综合利用政策	2007	《十一五环境保护规划》（其中提出"到2010年，工业固体废物综合利用率达到60%"）
	2007	建设部《关于进一步加强禁止使用实心黏土砖工作的通知》（建科〔2007〕74号）
	2010	国务院《关于加快培育和发展战略性新兴产业的决定》（国发〔2010〕32号）
	2012	《废物资源化科技工程"十二五"专项规划》
	2012	国务院《"十二五"节能环保产业发展规划》
	2014	《重要资源循环利用工程（技术推广）及装备产业化》实施方案
	2015	中共中央国务院《关于加快推进生态文明建设的意见》
固废治理政策	2016	国务院办公厅《关于促进建材工业稳增长调结构增效益的指导意见》（国办发〔2016〕34号）

		2016	交通运输部《关于实施绿色公路建设的指导意见》
固废治理政策	资源综合利用政策	2017	工业和信息化部《国家工业资源综合利用先进适用技术装备目录》(2017)
		2017	国家发展改革委办公厅、工业和信息化部办公厅《新型墙材推广应用行动方案》(发改办环资〔2017〕212号)
		2018	国家工信部第26号公告《工业固体废物资源综合利用评价管理暂行办法》
		2018	《国家工业固体废物资源综合利用产品目录》(2018)
		2018	工信部《坚决打好工业和通信业污染防治攻坚战三年行动计划》
		2018	国家发改委《关于创新和完善促进绿色发展价格机制的意见》(发改价格规〔2018〕943号)
		2019	国家发改委办公厅、工信部办公厅《关于推进大宗固体废弃物综合利用产业集聚发展的通知》(发改办环资〔2019〕44号)
		2020	工信部《京津冀及周边地区工业资源综合利用产业协同转型提升计划(2020—2022年)》
		2020	中共中央办公厅、国务院办公厅《关于构建现代环境治理体系的指导意见》(〔2020〕31号)
		2021	财政部、住房和城乡建设部《关于政府采购支持绿色建材促进建筑品质提升试点工作的通知》(财库〔2021〕3号)
		2021	国务院《关于加快建立健全绿色低碳循环发展经济体系的指导意见》(国发〔2021〕4号)
		2021	国家发改委《"十四五"循环经济发展规划》

（续表）

固废治理政策	固废污染防治政策	1989	《1989—1992 年环境保护目标和任务》
		1989	《全国 2000 年环境保护规划纲要》
		1996	《国务院关于环境保护若干问题的决定》（国发〔1996〕31 号）
		1997	《刑法修正案》
		1997	《关于"九五"期间加强污染控制工作的若干意见》
		2000	《全国生态环境保护纲要》
		2011	环保部、商务部、发改委、海关总署、国家质检局《固体废物进口管理办法》
		2011	国家发改委《关于印发"十二五"资源综合利用指导意见和大宗固体废物综合利用实施方案的通知》
		2013	国家发改委等十部门《粉煤灰综合利用管理办法》
		2014	国家发改委同有关部门《循环经济年度推进计划》
		2016	国务院办公厅《控制污染物排放许可制实施方案》（国办发〔2016〕81 号）
		2017	国务院办公厅《禁止洋垃圾入境推进固体废物进口管理制度改革实施方案的通知》
		2018	国务院办公厅《"无废城市"建设试点工作方案》（国办发〔2018〕128 号）

附　表

（续表）

固废治理政策		年份	政策名称
固废污染防治政策		2018	生态环境部《关于坚决遏制固体废物非法转移和倾倒进一步加强危险废物全过程监管的通知》(环办土壤[2018]266号)
		2019	《固定污染源排污许可分类管理名录》(2019)
		2021	生态环境部、商务部、国家发展和改革委员会、海关总署《关于全面禁止进口固体废物有关事项的公告》
循环经济政策		2005	国务院《加快发展循环经济的若干意见》(国发[2005]22号)
		2013	国务院《循环经济发展战略及近期行动计划》(国发[2013]5号)
		2018	国家发改委、住建部《关于推进资源循环利用基地建设的指导意见》(发改办环资[2018]502号)
清洁生产政策		2003	国务院办公厅转发发展改革委等部门《关于加快推行清洁生产意见的通知》(国办发[2003]100号)
		2004	《清洁生产审核暂行办法》(2004)
		2016	发改委和环保总局《清洁生产审核办法》(2016)

（续表）

固废治理政策	节能减排政策	2007	国务院《节能减排综合性工作方案》（国发〔2007〕15 号）
		2008	国务院办公厅《2008 年节能减排工作安排的通知》（国办发〔2008〕80 号）
		2009	国务院办公厅《2009 年节能减排工作安排的通知》（国办发〔2009〕48 号）
		2011	国务院《"十二五"节能减排综合性工作方案》（国发〔2011〕26 号）
		2012	国务院《节能减排"十二五"规划》（国发〔2012〕40 号）
		2014	国务院办公厅《2014—2015 年节能减排低碳发展行动方案》（国办发〔2014〕23 号）
		2016	国务院《"十三五"节能减排综合工作方案》

附表 3 《固废法》相关概念变动对照表

《固废法》(1995) 共 77 条	《固废法》(2004) 共 91 条	《固废法》(2020) 共 126 条
固体废物,是指在生产建设、日常生活和其他活动中产生的污染环境的固态、半固态废弃物质。	固体废物,是指在生产、生活和其他活动中产生的丧失原有利用价值或者虽未丧失利用价值但被抛弃或者放弃的固态、半固态和置于容器中的气态的物品、物质以及法律、行政法规规定纳入固体废物管理的物品、物质。	固体废物,是指在生产、生活和其他活动中产生的丧失原有利用价值或者虽未丧失利用价值但被抛弃或者放弃的固态、半固态和置于容器中的气态的物品、物质以及法律、行政法规规定纳入固体废物管理的物品,物质。经无害化加工处理,并且符合强制性国家产品质量标准,不会危害公众健康和生态安全,或者根据固体废物鉴别标准和鉴别程序认定为不属于固体废物的除外。
工业固体废物,是指在工业、交通等生产活动中产生的固体废物。	工业固体废物,是指在工业生产活动中产生的固体废物。	工业固体废物,是指在工业生产活动中产生的固体废物。

（续表）

《固废法》(1995)	《固废法》(2004)	《固废法》(2020)
共 77 条	共 91 条	共 126 条
附则 74 条第 5 款： 处置，是指将固体废物焚烧和用其他改变固体废物的物理、化学、生物特性的方法，达到减少已产生的固体废物数量、缩小固体废物体积、减少或者消除其危险成分的活动，或者将固体废物最终置于符合环境保护规定要求的场所或者设施并不再回取的活动。	附则 88 条第 5、6、7 款分别是： （五）贮存，是指将固体废物临时置于特定设施或者场所中的活动。 （六）处置，是指将固体废物焚烧和用其他改变固体废物的物理、化学、生物特性的方法，达到减少已产生的固体废物数量、缩小固体废物体积、减少或者消除其危险成分的活动，或者将固体废物最终置于符合环境保护规定要求的填埋场的活动。 （七）利用，是指从固体废物中提取物质作为原材料或者燃料的活动。	附则 124 条第 7、8、9 款分别是： （七）贮存，是指将固体废物临时置于特定设施或者场所中的活动。 （八）利用，是指从固体废物中提取物质作为原材料或者燃料的活动。 （九）处置，是指将固体废物焚烧和用其他改变固体废物的物理、化学、生物特性的方法，达到减少已产生的固体废物数量、缩小固体废物体积、减少或者消除其危险成分的活动，或者将固体废物最终置于符合环境保护规定要求的填埋场的活动。

后　　记

春华秋实，岁月如歌，以梦为马。

心中有梦，无问东西，不负韶华。

2017年9月，35岁的我带着两个孩子，踏上了攻读博士研究生的征程。2021年12月，我完成了博士毕业论文撰写和答辩，顺利取得了经济学博士学位。大宝从学前班开始陪我读博，至我毕业已经是四年级的小学生了，二宝也从一个蹒跚学步的小不点成了一名一年级的小学生。大宝上学我上学，二宝上学我毕业，这也算是最好的安排了。

忆往昔，似乎心中读博的小火苗一直若隐若现在闪烁，所以即便有点晚，也不妨碍心愿最终达成，所谓"念念不忘，必有回响"正是如此吧。2007年，读硕士研究生的时候，我的母亲就建议我继续读博，可自己当时坚定拒绝的声音仿佛还在耳畔。兜兜转转十年后，自己还是走上了这条读博路，及至顺利毕业，也才有了这部专著的成形。仿佛人生中有一些种子会在不经意间撒落，也会在不经意间发芽、开花和结果。这一路上要感谢的人太多，是你们一路以来的关心、支持和帮助，让我一步一个脚印走到了现在。

首先，诚挚感谢山西财经大学曹霞教授。在本人攻读博士研究生期间，曹霞导师不仅在学习上给予我谆谆教诲、悉心指导，还如同家人一般关心我的工作和生活，使我倍感温暖与亲切。感谢法律经济学专业诸位教授和博士生导师，他们在传道授业过程中，用认真、敬业、踏实、严谨的态度影响并要求着我们，为我完成相关课程的学习及顺利毕业,提供了诸多支持与指导。感谢王志强老师一直以来的关心和帮助。感谢2017级博士研究生的同学们和同门师兄弟姐妹的一路扶助,曾经一道并肩,今后依然无间。

其次,感谢工作单位山西省社会科学院(山西省人民政府发展研究中心)对本人攻读博士研究生给予的支持,感谢院(中心)党组领导、所领导对我的培养,感谢同事们的关爱与包容。感谢太原理工大学教授、博士生导师袁进为论文选题提供的意见和建议。感谢山西科城环境研究院固废领域高级工程师卫丽、太原师范学院经济学院王亚丽副教授和刘雪晨博士等诸位专家,你们在专业领域为我答疑解惑,提供了知无不言、言无不尽的倾情支持与帮助。

最后,感谢我的家人、亲人和挚友们,是你们给了我诗和远方,让我遇见了更好的自己！感谢父母给予我为人善良、处事周到、敬业勤勉、不轻言放弃的家风传承,让我坚持不懈一步一步走到现在。感谢公公婆婆牺牲自己的时间,付出很多精力,主动背负起对两个年幼孙辈的照看,让我在照顾两个孩子和兼顾工作的同时,还可以有一点时间、精力去读书,完成自己的梦想。感谢我的爱人,感谢他一直以来对我的包容和支持,用肩膀扛起外面的风雨,让我能心无旁骛安心读书。感谢周先生,在无数个深夜和清晨伏案时,在间或情绪低沉时,您的歌声总能抚慰内心给人以安宁,让我在温暖的声音里找寻到力量,用力过好每一天。也感谢自己一直以来的坚持和努力,没放弃继续学习和进步,希望在今后的工作学习中亦能有所作为、有所担当,有更高的格局和站位,去做更有价值和更有意义的事情。